消防设施操作员实操考评要点系列丛书

消防设施操作员高级实操知识点

——监控操作方向

主编 王飞虎 尹 杰 袁生雨

中国建材工业出版社

图书在版编目（CIP）数据

消防设施操作员高级实操知识点．监控操作方向/
王飞虎，尹杰，袁生雨主编．--北京：中国建材工业出
版社，2022.7
ISBN 978-7-5160-3505-4

Ⅰ．①消⋯　Ⅱ．①王⋯　②尹⋯　③袁⋯　Ⅲ．①消防设
备—资格考试—自学参考资料　Ⅳ．①TU998.13

中国版本图书馆 CIP 数据核字（2022）第 089406 号

消防设施操作员高级实操知识点——监控操作方向
Xiaofang Sheshi Caozuoyuan Gaoji Shicao Zhishidian——Jiankong Caozuo Fangxiang
主　编　王飞虎　尹　杰　袁生雨
出版发行：中国建材工业出版社
地　　址：北京市海淀区三里河路 11 号
邮　　编：100831
经　　销：全国各地新华书店
印　　刷：北京印刷集团有限责任公司
开　　本：880mm×1230mm　1/32
印　　张：11.5
字　　数：320 千字
版　　次：2022 年 7 月第 1 版
印　　次：2022 年 7 月第 1 次
定　　价：36.00 元

编写说明

为适应消防设施操作员职业资格考试的要求，引导应试学习的方向，以及指导应试人员复习备考，根据《消防设施操作员国家职业技能标准》和"职业活动为导向、职业技能为核心"的指导思想，对消防设施操作员职业技能鉴定的内容予以解析，我们组织部分专业技术人员和有关企业的专家编写了《消防设施操作员实操考评要点系列丛书》，全书共分三册，包括《消防设施操作员初、中级实操知识点》《消防设施操作员高级实操知识点——监控操作方向》《消防设施操作员高级实操知识点——检测维修保养方向》。

本书按照《消防设施操作员国家职业技能标准》，以工作要求为主，第一篇包括93个知识点：消防监控设施巡检，报警信息处置流程，火灾自动报警系统、柴油泵组、自动喷水灭火系统控制柜状态、自动跟踪定位射流装置、消防炮等灭火系统的操作，火灾自动报警系统、自动灭火系统、发电机、电气火灾监控系统、可燃气体报警系统、电源监控设备、防火门监控系统等消防设备设施的维护保养，编制消防控制室规章制度应急预案，以及开展消防培训相关知识与技能。同时附有第二篇基础知识和第三篇消防安全管理制度。

本书编写分工如下：第一篇知识点要点001至要点022由姚文超编写，要点023至要点049由高福龙编写，要点050至要点073由张才编写，要点074至要点093由薛智编写；第二篇基础知识由刘大维编写；第三篇消防安全管理制度由刘爱英编写。

在本书编写过程中诸多专家进行了审阅，提出了宝贵的修改意见，在此表示由衷的感谢！

由于编者水平有限，且时间仓促，书中难免存在不足之处，希望读者批评指正。

编　者
2022 年 5 月

目　　录

第一篇　知识点

1

第三篇　消防安全管理制度

第一篇

知 识 点

要点 001 判断火灾报警控制器与火灾报警传输设备的通信状态

职业功能	工作内容	技能要求	相关知识要求	分项考点	分数	总分
1 设施监控	1.1 设施巡检	1.1.1 ★能判断火灾报警控制器与火灾报警传输设备的通信状态	1.1.1 火灾报警控制器与火灾报警传输设备的通信功能及其检查方法	1. 检查传输设备的本机故障报警情况	1	2.5
				2. 检查传输设备的信息接收与传输状态	1	
				3. 填写记录	0.5	

一、操作准备

1. 技术资料

火灾探测报警系统图,火灾探测器等系统部件现场布置图和地址编码表,火灾报警控制器、传输设备的使用说明书和设计手册等技术资料。

2. 实操设备

含有消防控制室图形显示装置、传输设备的集中型火灾自动报警模拟演示系统,旋具、万用表等必要的工具,秒表、声级计、照度计等必要的检测工具。

3. 记录表格

《消防控制室值班记录表》《建筑消防设施故障维修记录表》。

3

二、操作步骤

1. 检查传输设备的本机故障报警情况

（1）检查传输设备与监控中心之间的链路情况

传输设备与监控中心之间应建立正常的传输连接，即不存在链路故障。否则，传输设备不仅不能将接收到的火灾报警控制器的信息传输至监控中心，也无法实现向监控中心的手动报警。观察传输设备面板是否存在链路故障声、光信号指示及液晶显示器显示情况，发现问题及时处理。

若传输设备与监控中心之间的正常传输连接被切断，当火灾报警控制器发出火灾报警、监管报警、故障报警或屏蔽信息并被传输设备接收时，传输设备还应发出信息传送失败的声、光信号指示。

（2）检查火灾报警控制器与传输设备之间的连接和通信情况

火灾报警控制器与传输设备之间的连接和通信应正常，即不存在连接故障信号。否则，传输设备将无法接收到火灾报警控制器发出的火灾报警、监管报警、故障报警和屏蔽信息，发生火灾时只能使用传输设备手动向监控中心报警。观察传输设备面板是否存在连接故障声、光信号指示及液晶显示器显示情况，发现问题及时处理。

（3）检查传输设备的其他本机故障报警状态

使传输设备产生其他类型的本机故障报警，观察并记录其本机故障声和光信号指示、故障响应时间、故障信息显示和传输等情况。

2. 检查传输设备的信息接收与传输状态

（1）检查传输设备的火灾报警信息接收与传输状态

若不存在上述链路故障或连接故障，使火灾报警控制器发出火灾报警信息，检查传输设备接收与传输火灾报警信息的正确性、完整性和及时性，观察并记录传输设备发出的火灾报警光信号、信息传输成功或传输失败指示情况。

（2）检查传输设备的其他报警信息接收与传输状态

若不存在上述链路故障或连接故障，使火灾报警控制器发出监管报警、故障报警或屏蔽信息，检查传输设备接收与传输相关报警信息的正确性、完整性和及时性，观察并记录传输设备发出的此类信息光信号、信息传输成功或传输失败指示情况。

（3）检查传输设备的优先传输火灾报警信息情况

在传输设备分别处于传输监管、故障、屏蔽状态时，使火灾报警控制器发出火灾报警信息，观察并记录传输设备优先传输火灾报警信息的指示情况。

3. 填写记录

根据检查结果，规范填写《消防控制室值班记录表》；如发现传输设备存在故障，还应规范填写《建筑消防设施故障维修记录表》。

要点 002　判断火灾报警控制器与消防联动控制器的通信状态

职业功能	工作内容	技能要求	相关知识要求	分项考点	分数	总分
1 设施监控	1.1 设施巡检	1.1.2 ★能判断火灾报警控制器与消防联动控制器的通信状态	1.1.2 火灾报警控制器与消防联动控制器的通信功能及其检查方法	1. 检查消防联动控制器与火灾报警控制器之间的连接线	1	2.5
				2. 检查消防联动控制器的火灾报警信息接收与控制情况	1	
				3. 填写记录	0.5	

一、操作准备

1. 技术资料

火灾探测报警系统图，火灾探测器等系统部件现场布置图和地址编码表，火灾报警控制器、消防联动控制器的使用说明书和设计手册等技术资料。

2. 实操设备

含有消防控制室图形显示装置、传输设备的集中型火灾自动报警模拟演示系统，旋具、万用表等必要的工具，秒表、声级计、照度计等必要的检测工具。

3. 记录表格

《消防控制室值班记录表》《建筑消防设施故障维修记录表》。

二、操作步骤

1. 检查消防联动控制器与火灾报警控制器之间的连接线

大部分厂家生产的消防联动控制器与火灾报警控制器是一体化产品，即火灾报警控制器（联动型）。如果是分体式产品，消防联动控制器与火灾报警控制器之间以联网方式进行通信。

若消防联动控制器与火灾报警控制器之间的连接线发生故障，消防联动控制器故障报警功能应正常，观察并记录消防联动控制器故障声和光信号、故障总指示灯、故障时间及类型区分情况。

2. 检查消防联动控制器的火灾报警信息接收与控制情况

消防联动控制器应能接收来自相关火灾报警控制器的火灾报警信号，显示报警区域，发出火灾报警声、光信号；在自动状态下，当火灾报警控制器发出火灾报警信号时，观察并记录消防联动控制器状态和负载启动情况。

3. 填写记录

根据检查结果，规范填写《消防控制室值班记录表》；如发现消防联动控制器与火灾报警控制器之间的连接线发生故障或通信异常，还应规范填写《建筑消防设施故障维修记录表》。

要点 003　判断火灾报警控制器与消防控制室图形显示装置的通信状态

职业功能	工作内容	技能要求	相关知识要求	分项考点	分数	总分
1 设施监控	1.1 设施巡检	1.1.3 ★能判断火灾报警控制器与消防控制室图形显示装置的通信状态	1.1.3 消防控制室图形显示装置与火灾报警控制器的通信功能及其检查方法	1. 检查消防控制室图形显示装置的通信故障报警情况	1	4.5
				2. 检查消防控制室图形显示装置与控制器的信息是否同步	1	
				3. 检查消防控制室图形显示装置的信息接收与状态显示情况	1	
				4. 检查消防控制室图形显示装置的信息传输情况	1	
				5. 填写记录	0.5	

一、操作准备

1. 技术资料

火灾自动报警系统图，火灾探测器等系统部件现场布置图和地址编码表，火灾报警控制器（以下操作步骤中简称"控制器"）、消防控制室图形显示装置的使用说明书和设计手册等技术资料。

2. 实操设备

含有消防控制室图形显示装置、传输设备的集中型火灾自动报警模拟演示系统，旋具、万用表等必要的工具，秒表、声级计、照度计等必要的检测工具。

3. 记录表格

《消防控制室值班记录表》《建筑消防设施故障维修记录表》。

二、操作步骤

1. 检查消防控制室图形显示装置的通信故障报警情况

使消防控制室图形显示装置与控制器之间的连线产生断路或短路等故障，观察并记录消防控制室图形显示装置和控制器发出故障声、光信号指示，以及故障时间显示情况。此时该故障指示有三处部位同时显示，分别是图形显示装置面板故障指示灯、图形显示装置界面故障指示和控制器面板故障指示。

2. 检查消防控制室图形显示装置与控制器的信息是否同步

在通信中断时，模拟产生火灾报警信号，恢复通信后，检查消防控制室图形显示装置与控制器的信息是否同步。

3. 检查消防控制室图形显示装置的信息接收与状态显示情况

在控制器发出火灾报警信号、监管报警信号、反馈信号、屏蔽信号或故障信号时，观察消防控制室图形显示装置状态信息显示的完整性及其显示相应状态信息的时间一致性。

4. 检查消防控制室图形显示装置的信息传输情况

采用消防控制室图形显示装置向监控中心传输信息时，还应检查消防控制室图形显示装置的信息传输情况。

（1）分别使控制器发出火灾报警信号、联动信号、故障信号等，检查消防控制室图形显示装置的信息传输和状态显示情况，以及在故障等其他信息存续状态下火灾报警信息主动传输且优先于其他信息传输的情况。

（2）检查消防控制室图形显示装置能否接收监控中心的查询指令、能否按规定的通信协议格式和规定的内容将相应信息传送到监控中心的情况。

5. 填写记录

根据检查结果，规范填写《消防控制室值班记录表》；如发现异常，还应规范填写《建筑消防设施故障维修记录表》。

要点 004 判断可燃气体报警控制器与消防控制室图形显示装置的通信状态

职业功能	工作内容	技能要求	相关知识要求	分项考点	分数	总分
1 设施监控	1.1 设施巡检	1.1.4 能判断电气火灾监控器、可燃气体报警控制器与消防控制室图形显示装置的通信状态	1.1.4 消防控制室图形显示装置与电气火灾监控器、可燃气体报警控制器的通信功能及其检查方法	1. 判断可燃气体报警控制器与消防控制室图形显示装置连接是否正常	1	3.5
				2. 检查消防控制室图形显示装置接收可燃气体报警控制器的上传信息	1	
				3. 检查消防控制室图形显示装置与可燃气体报警控制器的信息是否同步	1	
				4. 填写记录	0.5	

一、操作准备

1. 技术资料

可燃气体探测报警系统图，可燃气体探测器等系统部件现场布

11

置图和地址编码表，可燃气体报警控制器、消防控制室图形显示装置的使用说明书和设计手册等技术资料。

2. 实操设备

电气火灾监控系统演示模型、可燃气体探测报警系统演示模型、消防控制室图形显示装置，电气火灾模拟测试仪器、可燃气体试样等测试用品，秒表、声级计、照度计等检测工具。

3. 记录表格

《消防控制室值班记录表》《建筑消防设施故障维修记录表》。

二、操作步骤

1. 判断可燃气体报警控制器与消防控制室图形显示装置连接是否正常

（1）查看可燃气体报警控制器与消防控制室图形显示装置的硬件连接

检查可燃气体报警控制器、消防控制室图形显示装置的通信电路板，检查通信接口处的接线端子，确认无松动和短接现象。查看可燃气体报警控制器与消防控制室图形显示装置的通信连接线，确认无破损和老化现象。

（2）查看可燃气体报警控制器、消防控制室图形显示装置的软件设置

部分可燃气体报警控制器在与消防控制室图形显示装置硬件连通后，可以自行匹配，无须进入软件进行通信设置。有的可燃气体报警控制器在与消防控制室图形显示装置硬件连通后，还需进入各自的操作系统内进行通信功能的设置。

（3）可燃气体报警控制器与消防控制室图形显示装置的通信状态

在完成可燃气体报警控制器与消防控制室图形显示装置的硬件连接和软件设置后，观察消防控制室图形显示装置的液晶显示屏，液晶显示屏显示"通讯成功"等类似信息；当消防控制室图形显示装置与可燃气体报警控制器之间的连接出现问题或通信异常时，消

防控制室图形显示装置发出故障声，消防控制室图形显示装置的液晶显示屏显示"通讯故障"等类似故障报警信息，这时可参照本教材模块四设施维修相关内容对设备进行修复。

2. 检查消防控制室图形显示装置接收可燃气体报警控制器的上传信息

分别使可燃气体报警控制器发出可燃气体报警信号、故障报警信号，观察消防控制室图形显示装置状态信息显示的完整性，并用秒表等计时工具记录消防控制室图形显示装置显示相应状态信息的时间，以及可燃气体报警信息主动传输且优先于其他信息传输的情况。

3. 检查消防控制室图形显示装置与可燃气体报警控制器的信息是否同步

在消防控制室图形显示装置与可燃气体报警控制器通信中断时，模拟产生可燃气体报警信号，恢复通信后，检查消防控制室图形显示装置与可燃气体报警控制器的信息是否同步。

4. 填写记录

根据检查结果，规范填写《消防控制室值班记录表》；如有故障，还应规范填写《建筑消防设施故障维修记录表》。

要点 005　判断集中火灾报警控制器与区域火灾报警控制器的通信状态

职业功能	工作内容	技能要求	相关知识要求	分项考点	分数	总分
1. 设施监控	1.1 设施巡检	1.1.5 能判断集中火灾报警控制器与区域火灾报警控制器的通信状态	1.1.5 集中火灾报警控制器与区域火灾报警控制器的通信功能及其检查方法	1. 检查集中火灾报警控制器与区域火灾报警控制器的连接	1	2.5
				2. 检查集中火灾报警控制器与区域火灾报警控制器的数据通信	1	
				3. 填写记录	0.5	

一、操作准备

1. 技术资料

火灾自动报警系统图、火灾探测器等系统部件现场布置图和地址编码表、火灾报警控制器使用说明书和设计手册等技术资料。

2. 实操设备

集中型火灾自动报警系统模型（含 1 台具有集中监控功能的火灾报警控制器及配套演示系统、2 台区域火灾报警控制器及配套演

14

示系统），火灾探测器功能试验仪器，旋具、万用表等工具，秒表、声级计等检测工具。

3. 记录表格

《消防控制室值班记录表》《建筑消防设施故障维修记录表》。

二、操作步骤

1. 检查集中火灾报警控制器与区域火灾报警控制器的连接

（1）连接线断路

模拟集中火灾报警控制器与区域火灾报警控制器之间的连接线发生断路，集中火灾报警控制器应能发出声、光故障信号，指示故障区域火灾报警控制器的位置信息。

（2）连接线短路

模拟集中火灾报警控制器与区域火灾报警控制器之间的连接线发生短路，集中火灾报警控制器应能发出声、光故障信号，指示故障区域火灾报警控制器的位置信息。

（3）连接线接地

模拟集中火灾报警控制器与区域火灾报警控制器之间的连接线发生影响功能的接地，集中火灾报警控制器应能发出声、光故障信号，指示故障区域火灾报警控制器的位置信息。

2. 检查集中火灾报警控制器与区域火灾报警控制器的数据通信

（1）检查集中火灾报警控制器与区域火灾报警控制器的火灾报警信息通信

① 模拟区域报警系统所属火灾探测器报警，区域火灾报警控制器发出声、光火灾报警信号，进入火灾报警状态，指示火灾发生部位及时间。

② 起集中监控作用的集中火灾报警控制器应能发出声、光火灾报警信号并进入火灾报警状态。检查火灾发生部位及时间是否与区域火灾报警控制器是否一致。

（2）检查集中火灾报警控制器与区域火灾报警控制器其他信息的通信

① 在区域火灾报警控制器端，操作控制器进入故障、自检、屏蔽等状态。

② 在集中火灾报警控制器端，集中火灾报警控制器应能进入相应状态。

3. 填写记录

根据检查结果，规范填写《消防控制室值班记录表》；如发现火灾报警控制器存在本机故障，还应规范填写《建筑消防设施故障维修记录表》。

要点 006　判断主、分消防控制室之间火灾报警控制器的通信状态

职业功能	工作内容	技能要求	相关知识要求	分项考点	分数	总分
1 设施监控	1.1 设施巡检	1.1.6 能判断主消防控制室内集中火灾报警控制器与分消防控制室内火灾报警控制器的通信状态	1.1.6 主消防控制室内集中火灾报警控制器与分消防控制室内火灾报警控制器的通信状态	1. 检查主、分消防控制室之间火灾报警控制器的连接线路	1	3.5
				2. 检查主、分消防控制室之间火灾报警控制器的数据通信	1	
				3. 检查分消防控制室火灾报警控制器之间的通信信息	1	
				4. 填写记录	0.5	

一、操作准备

1. 技术资料

火灾自动报警系统图、火灾探测器等系统部件现场布置图和地

17

址编码表、火灾报警控制器使用说明书和设计手册等技术资料。

2. 实操设备

消防控制中心型火灾自动报警系统模型（含 1 台具有集中监控功能的火灾报警控制器及配套演示系统、2 台集中火灾报警控制器及配套演示系统），火灾探测器功能试验仪器，旋具、万用表等工具，秒表、声级计等检测工具。

3. 记录表格

《消防控制室值班记录表》《建筑消防设施故障维修记录表》。

二、操作步骤

1. 检查主、分消防控制室之间火灾报警控制器的连接线路

（1）连接线断路

模拟控制器之间的连接线发生断路，主消防控制室火灾报警控制器应能发出声、光故障信号，指示故障分消防控制室火灾报警控制器的位置信息。

（2）连接线短路

模拟控制器之间的连接线发生短路，主消防控制室火灾报警控制器应能发出声、光故障信号，指示故障分消防控制室火灾报警控制器的位置信息。

（3）连接线接地

模拟控制器之间的连接线发生接地，主消防控制室火灾报警控制器应能发出声、光故障信号，指示故障分消防控制室火灾报警控制器的位置信息。

2. 检查主、分消防控制室之间火灾报警控制器的数据通信

主、分消防控制室火灾报警控制器之间的火灾报警、故障、自检、屏蔽等信息的通信操作同本篇要点 005 "判断集中火灾报警控制器与区域火灾报警控制器的通信状态"。

（1）分消防控制室火灾报警控制器向主消防控制室火灾报警控制器发送联动信息，分消防控制室火灾报警控制器设置在分消防控制室内，具有自动联动功能。

① 在分消防控制室火灾报警控制器端，模拟火灾探测器报警，按事先预制的联动关系自动启动模拟设备，分消防控制室火灾报警控制器发出声、光报警信号，进入报警状态；同时启动相应的现场设备进入联动控制状态，指示报警部位及时间、启动部位及时间。

② 在主消防控制室火灾报警控制器端，主消防控制室火灾报警控制器应能发出声、光报警信号，进入报警状态；同时启动相应的现场设备进入联动控制状态。检查指示报警部位及时间、启动部位及时间是否与分消防控制室火灾报警控制器是否一致。

（2）主消防控制室火灾报警控制器对分消防控制室火灾报警控制器进行联动控制，主消防控制室火灾报警控制器设置在主消防控制室内，应能对分消防控制室内的消防设备及其控制的消防系统和设备进行控制。

① 在主消防控制室火灾报警控制器端，主消防控制室火灾报警控制器应能手动启动分消防控制室火灾报警控制器上的联动设备。

② 在分消防控制室火灾报警控制器端，检查现场设备的启动状态，分消防控制室火灾报警控制器发出声、光联动信号，指示启动部位及时间。

③ 在主消防控制室火灾报警控制器端，主消防控制室火灾报警控制器应能发出声、光联动信号。检查启动部位及时间是否与分消防控制室火灾报警控制器是否一致。

3. 检查分消防控制室火灾报警控制器之间的通信信息

控制中心报警系统要求各分消防控制室内的控制和显示装置之间可以互相传输、显示状态信息，但不应互相控制。

（1）检查分消防控制室火灾报警控制器之间火灾报警信息的通信

① 在分消防控制室火灾报警控制器端，模拟火灾探测器报警，分消防控制室火灾报警控制器发出声、光火灾报警信号，进入火灾报警状态，指示火灾发生部位及时间。

② 在另一个分消防控制室火灾报警控制器端，该火灾报警控制器应能发出声、光火灾报警信号并进入火灾报警状态。检查火灾发生部位及时间是否与发生火灾报警的控制器是否一致。

（2）检查分消防控制室火灾报警控制器之间其他信息的通信

① 在分消防控制室火灾报警控制器端，操作控制器进入故障、自检、屏蔽等状态。

② 在另一个分消防控制室火灾报警控制器端，该控制器应能进入相应状态。

4. 填写记录

根据检查结果，规范填写《消防控制室值班记录表》；如发现火灾报警控制器存在本机故障，还应规范填写《建筑消防设施故障维修记录表》。

要点 007　判断消防设备电源状态监控器的正常监视状态

职业功能	工作内容	技能要求	相关知识要求	分项考点	分数	总分
1 设施监控	1.1 设施巡检	1.1.7 能判断消防设备电源状态监控器的工作状态	1.1.7 消防设备电源状态监控器的检查方法	1. 检查监控器的工作状态指示灯	1	3.5
				2. 检查监控器的液晶显示屏	1	
				3. 检查监控器自检功能	1	
				4. 填写记录	0.5	

一、操作准备

1. 技术资料

消防设备电源监控系统图、部件现场布置图和地址编码表、消防设备电源状态监控器使用说明书和设计手册等技术资料。

2. 实操设备

消防设备电源监控系统演示模型，旋具、万用表等工具，安全用电防护用品、警示牌等。

3. 记录表格

《消防控制室值班记录表》《建筑消防设施故障维修记录表》。

二、操作步骤

1. 检查监控器的工作状态指示灯

观察监控器面板指示灯，正常监视状态时，只有主电工作灯点亮。

2. 检查监控器的液晶显示屏

观察监控器液晶显示屏，正常监视状态时，液晶显示屏显示当前时钟和系统运行正常提示。

3. 检查监控器自检功能

操作监控器自检键，监控器应能进入自检菜单。输入用户密码并确认，监控器开始自检。自检时监控器将对指示灯、液晶屏、扬声器进行检查：面板的指示灯先全部点亮，再依次（或逐行）点亮；扬声器发出嘀嘀声；液晶屏显示操作指引。自检完成后（30s内）自动退出自检状态。

4. 填写记录

根据检查结果，规范填写《消防控制室值班记录表》；如发现系统异常，还应规范填写《建筑消防设施故障维修记录表》。

要点008 判断消防设备电源状态监控器的故障报警状态

职业功能	工作内容	技能要求	相关知识要求	分项考点	分数	总分
1 设施监控	1.1 设施巡检	1.1.7 能判断消防设备电源状态监控器的工作状态	1.1.7 消防设备电源状态监控器的检查方法	1. 检查监控器电源故障状态	1	4.5
				2. 检查监控器与传感器的线路连接故障状态	1	
				3. 检查消防设备电源断电故障报警状态	1	
				4. 检查消防设备电源供电异常故障状态	1	
				5. 填写记录	0.5	

一、操作准备

1. 技术资料

消防设备电源监控系统图、部件现场布置图和地址编码表、消

23

防设备电源状态监控器使用说明书和设计手册等技术资料。

2. 实操设备

消防设备电源监控系统演示模型，旋具、万用表等工具，安全用电防护用品、警示牌等。

3. 记录表格

《消防控制室值班记录表》《建筑消防设施故障维修记录表》。

二、操作步骤

1. 检查监控器电源故障状态

（1）观察面板指示灯

模拟主电源发生故障，监控器故障灯、主电故障灯点亮；模拟备用电源发生故障，监控器故障灯、备电故障灯点亮。

（2）观察面板液晶显示屏

监控器的电源发生故障时，液晶显示屏下半屏显示出故障总数、故障时间、故障的部位及故障类型。

（3）检查故障声响

监控器的电源发生故障时，监控器应发出故障声响，按下监控器消音键，故障声响消除，监控器消音指示灯应点亮。

2. 检查监控器与传感器的线路连接故障状态

（1）观察面板指示灯

模拟监控器与传感器的连接线路发生故障，监控器故障灯处于点亮状态。

（2）观察面板液晶显示屏

监控器与传感器的连接线路发生故障时，液晶显示屏下半屏显示出故障总数、故障时间、故障的部位及故障类型。

（3）检查故障声响

监控器与传感器的连接线路发生故障时，监控器应发出故障声响，按下监控器消音键，故障声响消除，监控器消音指示灯应点亮。

3. 检查消防设备电源断电故障报警状态

（1）观察面板指示灯

模拟被监控的消防设备电源发生断电故障，监控器故障、断电故障灯点亮。

（2）观察面板液晶显示屏

被监控的消防设备电源发生断电故障时，液晶显示屏上半屏显示故障报警的故障总数、故障时间、故障的部位及故障类型。

（3）检查故障声响

被监控消防设备电源断电故障报警时，监控器应发出故障声响，按下监控器消音键，故障声响消除，监控器消音指示灯应点亮。

4. 检查消防设备电源供电异常故障状态

（1）观察面板指示灯

模拟被监控的消防设备电源发生供电异常故障（包括欠压、过压、缺相、错相、过流），以电源欠压为例，监控器故障灯、欠压故障灯点亮。

（2）观察面板液晶显示屏

被监控的消防设备电源发生供电异常故障时，液晶显示屏下半屏显示故障报警的故障总数、故障时间、故障的部位及故障类型。

（3）检查故障声响

被监控的消防设备电源发生供电异常故障时，监控器应发出故障声响，按下监控器消音键，故障声响消除，监控器消音指示灯应点亮。

5. 填写记录

根据检查结果，规范填写《消防控制室值班记录表》；如发现系统异常，还应规范填写《建筑消防设施故障维修记录表》。

要点 009 屏蔽（隔离）故障设施设备

职业功能	工作内容	技能要求	相关知识要求	分项考点	分数	总分
1 设施监控	1.2 报警信息处置	1.2.1 能暂时屏蔽（隔离）故障设施、设备	1.2.1 火灾自动报警系统故障设施、设备的屏蔽（隔离）方法	1. 屏蔽设备、回路	1	2.5
				2. 解除屏蔽	1	
				3. 填写记录	0.5	

一、操作准备

1. 技术资料

火灾探测报警系统图、火灾探测器等系统部件现场布置图和地址编码表、火灾报警控制器使用说明书和设计手册等技术资料。

2. 实操设备

集中型火灾自动报警系统演示模型，旋具、万用表等电工工具。

3. 记录表格

《消防控制室值班记录表》。

二、操作步骤

1. 屏蔽设备、回路

（1）屏蔽菜单界面。进入菜单界面，选择"屏蔽"功能。

（2）进入"屏蔽"选项，选择"按设备编码屏蔽设备"。

（3）输入设备编号，完成屏蔽。

（4）进行屏蔽整个回路，在"3号屏蔽"里选择"屏蔽回路"选项。

（5）屏蔽01回路。

（6）屏蔽完成。

2. 解除屏蔽

（1）回到菜单界面后进入"3号屏蔽"界面，选取"查看解除屏蔽"选项，可以对已屏蔽的设备或回路解除屏蔽。

（2）以解除回路屏蔽为例，如解除单条01回路则选择"解除"，如全部解除屏蔽则选择"全部解除"。

（3）解除屏蔽设备或回路，也就意味着屏蔽设备已被恢复监控，若设备故障未排除则火灾报警控制器将会显示故障信息，若设备已经维修正常则火灾报警控制器保持正常监视状态。

3. 填写记录

根据测试结果，规范填写《消防控制室值班记录表》。

要点 010 使用集中火灾报警控制器查询区域火灾报警控制器的状态信息

职业功能	工作内容	技能要求	相关知识要求	分项考点	分数	总分
1 设施监控	1.2 报警信息处置	1.2.2 能使用集中火灾报警控制器查询区域火灾报警控制器的状态信息	1.2.2 使用集中火灾报警控制器查询区域火灾报警控制器状态信息的方法	1. 集中火灾报警控制器与区域火灾报警控制器之间的通信故障检查	1	5.5
				2. 识别当前集中火灾报警控制器的报警状态	1	
				3. 直接查询集中火灾报警控制器的报警及联动信息	1	
				4. 集中火灾报警控制器查询区域火灾报警控制器的故障状态	1	
				5. 集中火灾报警控制器查询区域火灾报警控制器的其他状态	1	
				6. 填写记录	0.5	

一、操作准备

1. 技术资料

火灾自动报警系统图、火灾探测器等系统部件现场布置图和地址编码表、火灾报警控制器使用说明书和设计手册等技术资料。

2. 实操设备

消防控制中心型火灾自动报警模拟演示系统，旋具、万用表等电工工具，秒表、声级计等检测工具。

3. 记录表格

《消防控制室值班记录表》《建筑消防设施故障维修记录表》。

二、操作步骤

1. 集中火灾报警控制器与区域火灾报警控制器之间的通信故障检查

判断集中火灾报警控制器与区域火灾报警控制器之间的通信状态，无通信故障，集中机无故障，或者故障界面未出现"××号控制器故障"。

2. 识别当前集中火灾报警控制器的报警状态

根据火灾报警控制器界面面板上基本按键与指示灯单元中各报警类型专用总指示灯点亮情况、报警声信号类型，判断集中火灾报警控制器所处状态，然后进行消音操作。

3. 直接查询集中火灾报警控制器的报警及联动信息

观察集中火灾报警控制器界面面板上的火警、启动、反馈指示灯是否点亮，如点亮，在液晶屏上直接查看报警信息。报警信息的具体内容包括报警的机器号、回路号、地址号、报警时间、报警类型。根据机器号确定是集中机自身的报警及联动信息还是区域机上传的报警及联动信息，并应根据设备注释信息确定报警位置，如无设备注释信息，即查看系统设备编码与保护场所（房间）对照表资料，以利于准确确定报警位置。

29

4. 集中火灾报警控制器查询区域火灾报警控制器的故障状态

在集中火灾报警控制器上查询区域火灾报警控制器上传的故障信息，包括集中火灾报警控制器上的故障指示灯应点亮、液晶屏上显示区域机上传的故障信息。

5. 集中火灾报警控制器查询区域火灾报警控制器的其他状态

确定集中火灾报警控制器是否具有监管报警功能及屏蔽功能。如集中火灾报警控制器具有监管报警功能且监管报警指示灯点亮，则查询液晶屏监管报警信息栏内是否存在区域火灾报警控制器的监管报警信息；如集中火灾报警控制器具有屏蔽功能且屏蔽指示灯点亮，则查询液晶屏屏蔽信息栏内是否存在区域火灾报警控制器的屏蔽信息。

6. 填写记录

根据操作结果，规范填写《消防控制室值班记录表》；如存在故障，还应规范填写《建筑消防设施故障维修记录表》。

要点 011　使用主消防控制室内的集中火灾报警控制器控制共同使用的重要消防设备

职业功能	工作内容	技能要求	相关知识要求	分项考点	分数	总分
1 设施监控	1.2 报警信息处置	1.2.3 能使用主消防控制室内集中火灾报警控制器查询分消防控制室内消防设备的状态信息,控制共同使用的重要消防设备	1.2.3 使用主消防控制室内集中火灾报警控制器查询分消防控制室内消防设备的状态信息和控制共同使用的重要消防设备的方法	1. 集中火灾报警控制器与分消防控制室内的火灾报警控制器之间的通信故障检查	1	2.5
				2. 通过集中火灾报警控制器手动控制分消防控制室的重要消防设备	1	
				3. 填写记录	0.5	

一、操作准备

1. 技术资料

火灾自动报警系统图、火灾探测器等系统部件现场布置图和地址编码表、火灾报警控制器使用说明书和设计手册等技术资料。

2. 实操设备

消防控制中心型火灾自动报警模拟演示系统,旋具、万用表等电工工具，秒表、声级计等检测工具。

3. 记录表格

《消防控制室值班记录表》《建筑消防设施故障维修记录表》。

二、操作步骤

1. 集中火灾报警控制器与分消防控制室内的火灾报警控制器之间的通信故障检查

判断集中火灾报警控制器与分消防控制室内的火灾报警控制器之间的通信状态，不应出现通信故障。

2. 通过集中火灾报警控制器手动控制分消防控制室的重要消防设备

（1）检查确认集中火灾报警控制器处于手动操作允许状态。

（2）通过直接手动控制单元控制分消防控制室的重要消防设备。

首先通过集中火灾报警控制器的直接手动控制单元标签提示信息确定要启动分消防控制室内的消防设备，按下对应单元的启动按键，检查启动指示灯（红色）点亮情况。若在启动命令发出 10s 后未收到反馈信号，则启动灯应闪亮，直到接收到反馈信号。收到反馈信号应点亮反馈指示灯（红色）。实地检查消防设备的动作情况，在分消防控制室的控制器及集中控制器的液晶屏上检查启动和反馈信息显示情况。

（3）通过集中火灾报警控制器的操作面板输入控制分消防控制室的重要消防设备。

① 操作集中火灾报警控制器控制面板上的启动按键。

② 输入分消防控制室的消防设备地址或编码（一般包括控制器号、回路号、地址号），操作确认启动。

③ 检查消防设备的动作情况，在分消防控制室的控制器及集中控制器的液晶屏上检查启动和反馈信息显示情况。

3. 填写记录

根据操作结果，规范填写《消防控制室值班记录表》；如有故障，还应规范填写《建筑消防设施故障维修记录表》。

要点 012　手动向城市消防远程监控系统报警

职业功能	工作内容	技能要求	相关知识要求	分项考点	分数	总分
1 设施监控	1.2 报警信息处置	1.2.4 能使用火灾报警传输设备手动向城市消防远程监控系统报警	1.2.4 使用火灾报警传输设备手动向城市消防远程监控系统报警的方法	1. 检查传输设备本机是否存在链路故障情况	1	3.5
				2. 手动报警	1	
				3. 手动报警失败后的处置措施	1	
				4. 填写记录	0.5	

一、操作准备

1. 技术资料

传输设备的使用说明书和设计手册等技术资料。

2. 实操设备

传输设备，旋具、万用表等电工工具，秒表、声级计等检测工具。

3. 记录表格

《消防控制室值班记录表》《建筑消防设施故障维修记录表》。

二、操作步骤

1. 检查传输设备本机是否存在链路故障情况

通过查看传输设备面板界面的本机指示灯和液晶显示器信息，判断传输设备是否存在链路故障（也可称为传输故障）情况。如存在，应及时报修处理。

2. 手动报警

通过连续按两下传输装置的"火警"键，启动向监控中心的手动报警，然后观察传输设备发出的手动报警信息传输（或优先传输）指示和信息传输成功指示情况。

3. 手动报警失败后的处置措施

如果传输设备发出手动报警信息传送失败的声、光信号指示，应使用固定电话或手机拨打"119"报警。

4. 填写记录

根据检查结果，规范填写《消防控制室值班记录表》；如发现异常，还应规范填写《建筑消防设施故障维修记录表》。

要点 013　模拟测试火灾报警控制器的火警、故障、监管报警、屏蔽和隔离功能

职业功能	工作内容	技能要求	相关知识要求	分项考点	分数	总分
2 设施操作	2.1 火灾自动报警系统操作	2.1.1 ★能模拟测试并实际操作火灾报警控制器的火警、故障、监管报警功能和屏蔽、隔离功能	2.1.1 火灾报警控制器的火警、故障、监管报警功能和屏蔽、隔离功能的测试方法	1. 模拟测试火灾报警功能	0.2	1
				2. 模拟故障报警功能	0.3	
				3. 模拟监管报警功能		
				4. 模拟屏蔽功能	0.3	
				5. 模拟隔离功能		
				6. 填写记录	0.2	

一、操作准备

1. 技术资料

火灾自动报警系统图，火灾探测器等系统部件现场布置图和地址编码表，火灾报警控制器、消防联动控制器的使用说明书和设计手册等技术资料。

2. 实操设备

集中型火灾自动报警模拟演示系统，旋具、万用表等电工工具，秒表、声级计等检测工具。

3. 记录表格

《消防控制室值班记录表》《建筑消防设施故障维修记录表》。

二、操作步骤

1. 模拟测试火灾报警功能

（1）通过触发系统中的一个手动火灾报警按钮（或者点型感烟火灾探测器）动作，发出火灾报警信号，使系统中的火灾报警控制器进入火灾报警状态。

（2）检查火灾报警控制器是否发出火灾声、光报警信号，红色火灾报警总指示灯是否点亮，火灾报警控制器显示器是否显示火灾报警信息。

2. 模拟故障报警功能

（1）通过摘除系统中一个手动报警按钮（或者点型感烟火灾探测器、点型感温火灾探测器）与火灾报警控制器之间的连接线，使系统中的火灾报警控制器进入故障报警状态。

（2）检查火灾报警控制器是否发出故障声、光报警信号，黄色故障报警总指示灯是否点亮，火灾报警控制器显示器是否显示故障报警信息。

3. 模拟监管报警功能

（1）通过手动触发系统中的一个输入模块，模拟产生监管报警信号，使火灾报警控制器进入监管报警状态。

（2）检查火灾报警控制器是否发出监管声、光报警信号，红色监管报警指示灯是否点亮，火灾报警控制器显示器是否显示监管报警信息。

4. 模拟屏蔽功能

（1）通过摘除系统中一个手动报警按钮（或者以总线方式连接

的点型感烟火灾探测器、点型感温火灾探测器等）与火灾报警控制器之间的总线连接线，使其进入故障状态。

（2）在火灾报警控制器上选择故障屏蔽功能。

（3）选择并屏蔽该故障设备。

（4）检查火灾报警控制器上的屏蔽状态指示灯是否点亮、火灾报警控制器显示器是否显示屏蔽设备信息。

5. 模拟隔离功能

（1）将系统总线回路中一个总线短路隔离器的后端（输出端）用导线进行短接。

（2）观察短路隔离器是否动作。

（3）在火灾报警控制器上检查故障信息，与该模块接入同一总线回路且处于该模块后端（输出端之后）的连接设备应显示故障。

6. 填写记录

根据检查结果，规范填写《消防控制室值班记录表》；如有故障，还应规范填写《建筑消防设施故障维修记录表》。

要点 014　使用火灾报警控制器设置联动控制系统工作状态和设置、修改用户密码

职业功能	工作内容	技能要求	相关知识要求	分项考点	分数	总分
2 设施操作	2.1 火灾自动报警系统操作	2.1.2 ★能使用火灾报警控制器设置联动控制系统的工作状态，设置和修改用户密码	2.1.2 火灾报警控制器手动/自动模式的调整方法、用户密码设置和修改的操作方法	1. 手动/自动功能转换	0.2	0.5
				2. 用户权限与密码修改	0.2	
				3. 填写记录	0.1	

一、操作准备

1. 技术资料

火灾自动报警系统图，火灾探测器等系统部件现场布置图和地址编码表，火灾报警控制器、消防联动控制器使用说明书和设计手册等技术资料。

2. 实操设备

集中型火灾自动报警模拟演示系统，旋具、万用表等电工工具，秒表、声级计等检测工具。

3. 记录表格

《消防控制室值班记录表》《建筑消防设施故障维修记录表》。

二、操作步骤

1. 手动/自动功能转换

（1）方法一

① 当区域火灾报警控制器处于正常监视状态时，通过系统菜单中的"操作"选项，进入"操作"页面；在"操作"页面选择"手动/自动切换"选项，进入手动/自动切换界面。

② 进入手动/自动切换界面后，在手动/自动切换界面查看当前状态为"手动"状态；通过切换选项按键"F4"切换，将区域火灾报警控制器从当前的"手动"控制状态切换为"自动"控制状态（也可从"自动"控制状态切换为"手动"控制状态）。

（2）方法二

① 当区域火灾报警控制器处于正常监视状态时，直接按下键盘区的"手动/自动"切换按键，输入系统操作密码并确认，进入控制状态切换界面。

② 进入手动/自动切换界面后，在手动/自动切换界面查看当前状态，可通过切换选项按键"F4"切换手动/自动工作状态，操作方法如方法一。

（3）方法三

① 检查火灾报警控制器在手动操作面板中是否设有独立的手动/自动状态转换钥匙。

② 将手动/自动状态转换钥匙插入锁孔，通过转动钥匙设置系统手动/自动工作状态。

2. 用户权限与密码修改

（1）通过系统菜单，进入修改密码功能。

（2）系统操作密码设置。

（3）系统设置密码设置。

（4）在已知旧密码的情况下，可进行修改密码操作。

3. 填写记录

根据检查结果，规范填写《消防控制室值班记录表》；如有故障，还应规范填写《建筑消防设施故障维修记录表》。

要点 015 按照分区、回路模拟测试系统报警和联动控制功能

职业功能	工作内容	技能要求	相关知识要求	分项考点	分数	总分
2 设施操作	2.1 火灾自动报警系统操作	2.1.3 能按照防火分区、报警回路模拟测试火灾自动报警系统的报警和联动控制功能	2.1.3 火灾探测报警系统按防火分区、报警回路测试报警和联动控制功能的方法	1. 报警功能测试	0.2	1
				2. 火灾报警控制器自动工作状态确认	0.2	
				3. 系统整体消防联动控制功能测试	0.2	
				4. 复位	0.2	
				5. 填写记录	0.2	

一、操作准备

1. 技术资料

火灾自动报警系统图、火灾探测器等系统部件现场布置图和地址编码表、火灾报警控制器（联动型）使用说明书和设计手册等技术资料。

2. 实操设备

集中型火灾自动报警模拟演示系统，旋具、万用表等电工工

具，秒表、声级计、火灾探测器功能试验器等检测工具。

3. 记录表格

《消防控制室值班记录表》《建筑消防设施故障维修记录表》。

二、操作步骤

1. 报警功能测试

模拟测试的防火分区或系统回路，宜选择火灾危险性较大的防火分区和敷设线路较长的回路。

在报警回路末端或防火分区内选择一只火灾探测器进行模拟火灾测试。模拟火灾测试应采用专用的检测仪器或模拟火灾的方法。检查火灾报警控制器面板火警信号指示信息的完整性、及时性和准确性等情况。

某型号产品可采用模拟报警的方法按照防火分区、回路测试火灾报警功能。其具体操作步骤示例如下：

（1）进入菜单界面，选择"调试"功能。

（2）在"调试"功能内，选择模拟火警选项。

（3）进入模拟火警选项，选择好需要模拟的防火分区及报警回路设备，按"F2"模拟。

（4）模拟火警操作后，火灾报警控制器主机会命令选中的火灾探测器生成模拟火警信号，该模拟信号与真实火警有着相同意义。

2. 火灾报警控制器自动工作状态确认

检查火灾报警控制器面板界面上基本按键与指示灯单元的自动工作状态指示灯，及时确认系统是否处于自动控制状态。

在手动/自动转换界面下，通过按"F4"键将火灾报警控制器从"手动"状态转换成"自动"状态。

3. 系统整体消防联动控制功能测试

按设计文件要求，依次使报警区域内符合火灾警报、消防应急广播系统、防火卷帘系统、防火门监控系统、防烟排烟系统、消防应急照明和疏散指示系统、电梯和非消防电源等相关系统联动触发条件的火灾探测器、手动火灾报警按钮发出火灾报警信号。检查报警区域内各自动消防系统整体联动功能响应情况。

4. 复位

对火灾报警触发装置、火灾报警控制器、消防联动控制器进行复位操作，将受控消防设备恢复至正常状态。

5. 填写记录

根据检查和测试结果，规范填写《消防控制室值班记录表》；如发现系统异常，还应规范填写《建筑消防设施故障维修记录表》。

要点 016　核查联动控制逻辑命令

职业功能	工作内容	技能要求	相关知识要求	分项考点	分数	总分
2 设施操作	2.1 火灾自动报警系统操作	2.1.3 能按照防火分区、报警回路模拟测试火灾自动报警系统的报警和联动控制功能	2.1.3 火灾探测报警系统按防火分区、报警回路测试报警和联动控制功能的方法	1. 明确受控对象的联动控制逻辑设计	0.2	1
				2. 核查联动控制逻辑关系的编写输入情况	0.2	
				3. 测试验证	0.2	
				4. 复位	0.2	
				5. 填写记录	0.2	

一、操作准备

1. 技术资料

火灾自动报警系统图、火灾探测器等系统部件现场布置图和地址编码表、火灾报警控制器使用说明书和设计手册等技术资料。

2. 实操设备

集中型火灾自动报警模拟演示系统，旋具、万用表等电工工具，秒表、声级计、火灾探测器功能试验器等检测工具。

3. 记录表格

《消防控制室值班记录表》《建筑消防设施故障维修记录表》。

二、操作步骤

1. 明确受控对象的联动控制逻辑设计

确定待核查联动控制逻辑命令的受控设备。通过熟悉消防控制室相关资料，明确受控对象的消防联动控制逻辑设计情况。

2. 核查联动控制逻辑关系的编写输入情况

相关系统的联动触发信号为非唯一组合形式时，在其联动控制逻辑命令实际测试基础上，还应对消防联动控制器通过手动或程序的编写输入启动的逻辑关系进行核查确认。以某型号控制器产品为例，核查方法如下：

（1）在菜单界面，进入"编程"。

（2）进入"联动关系"。

（3）核查联动控制逻辑命令是否与联动设备一致，以此确认通过手动或程序的编写输入启动的逻辑关系是否正确。

3. 测试验证

对于各类灭火系统，分别生成符合设计文件要求的联动触发信号，消防联动控制器应按设定的控制逻辑向各相关受控设备发出联动控制信号，点亮启动指示灯，并接收相关设备的联动反馈信号。

对于其他相关系统，依次使报警区域内符合火灾警报、消防应急广播系统、防火卷帘系统、防火门监控系统、防烟排烟系统、消防应急照明和疏散指示系统、电梯等相关系统联动触发条件的火灾探测器、手动火灾报警按钮发出火灾报警信号。

4. 复位

对火灾报警触发装置、火灾报警控制器、消防联动控制器等进行复位操作，将受控消防设备恢复至正常状态。

5. 填写记录

根据检查和测试结果，规范填写《消防控制室值班记录表》；如发现异常情况，还应规范填写《建筑消防设施故障维修记录表》。

要点 017 核查火灾探测器等组件的编码及位置提示信息

职业功能	工作内容	技能要求	相关知识要求	分项考点	分数	总分
2 设施操作	2.1 火灾自动报警系统操作	2.1.4 能使用火灾报警控制器、消防联动控制器核查火灾探测器等系统组件的编码和位置提示信息，核查联动控制逻辑命令	2.1.4 火灾自动报警系统各组件的编码、位置提示信息和联动控制逻辑命令的核查方法	1. 检查组件编码及位置信息的完整性	0.1	0.5
				2. 核查现场组件设置的符合性	0.1	
				3. 测试验证现场组件地址和位置信息的正确性	0.1	
				4. 复位	0.1	
				5. 填写记录	0.1	

一、操作准备

1. 技术资料

火灾自动报警系统图、火灾探测器等系统部件现场布置图和地址编码表、火灾报警控制器使用说明书和设计手册等技术资料。

2. 实操设备

集中型火灾自动报警模拟演示系统，旋具、万用表等电工工具，秒表、声级计、火灾探测器功能试验器等检测工具。

3. 记录表格

《消防控制室值班记录表》《建筑消防设施故障维修记录表》。

二、操作步骤

1. 检查组件编码及位置信息的完整性

（1）核查现场组件类别和地址总数

对于设置检查功能的火灾报警控制器，通过手动操作检查功能钥匙（或按钮），使控制器处于检查功能状态，这时检查功能状态指示灯（器）应点亮。操作手动查询按钮（键），核查火灾报警控制器配接现场组件的地址总数、不同类别现场组件的地址数，以及每回路配接现场组件的地址数、不同类别现场组件的地址数。

（2）检查现场组件地址和位置信息是否完整

通过火灾报警控制器的查询功能，检查现场组件的地址及位置注释信息的完整性；查看液晶显示器的相关信息显示情况，判断控制器配接的火灾探测器等现场组件类别、地址总数和位置信息有无遗漏。

2. 核查现场组件设置的符合性

对照设计文件，核查现场组件设置的符合性，其选型和设置部位应符合设计文件要求。

3. 测试验证现场组件地址和位置信息的正确性

对待核查的火灾探测器等组件，按照厅室或设置部位，采用适合的模拟方法使之依次发出火灾报警信号（或故障报警信号），并准确记录测试顺序。通过火灾报警控制器的报警信息查询操作，对应报警事件时间顺序，判断报警信息的地址及位置信息是否正确。

4. 复位

手动复位火灾报警控制器，撤除火灾探测器等组件的报警信号。

5. 填写记录

根据检查和测试结果，规范填写《消防控制室值班记录表》；如发现异常情况，还应规范填写《建筑消防设施故障维修记录表》。

要点 018　模拟测试吸气式感烟火灾探测器的火警、故障报警功能

职业功能	工作内容	技能要求	相关知识要求	分项考点	分数	总分
2 设施操作	2.1 火灾自动报警系统操作	2.1.5 能模拟测试吸气式火灾探测器、火焰探测器和图像型火灾探测器等的火警、故障报警功能	2.1.5 吸气式火灾探测器、火焰探测器和图像型火灾探测器等的火警、故障报警功能的测试方法	1. 模拟测试吸气式感烟火灾探测器故障	0.2	0.5
				2. 模拟测试吸气式感烟火灾探测器火警	0.2	
				3. 填写记录	0.1	

一、操作准备

1. 技术资料

吸气式感烟火灾探测器系统图、现场布置图和地址编码表，吸气式感烟火灾探测器的使用说明书和设计手册等技术资料。

2. 实操设备

探测报警型管路采样式吸气感烟火灾探测器演示模型，旋具、万用表等电工工具，秒表、声级计、火灾探测器功能试验仪器等检测设备。

3. 记录表格

《消防控制室值班记录表》《建筑消防设施故障维修记录表》。

二、操作步骤

1. 模拟测试吸气式感烟火灾探测器故障

（1）堵住一半或以上数量采样孔，检查探测器故障报警情况。

（2）若吸气式感烟火灾探测器带备用电源，则断开主电，检查探测器故障报警情况；或者主电正常，断开吸气式感烟火灾探测器的备用电源，检查探测器故障报警情况，探测器故障指示灯应点亮。

（3）将测量室与信号处理单元之间的连接线拔掉，检查探测器故障报警情况。探测器应点亮故障灯，探测报警型探测器应同时发出故障报警声。

2. 模拟测试吸气式感烟火灾探测器火警

（1）点一根棉绳或棒香，同时启动计时器，在任一采样孔处持续加烟30s以上，探测器应在120s内点亮火灾报警指示灯，探测报警型的火警声应同时启动。

（2）若吸气式感烟火灾探测器带备用电源，则断开主电，检查探测器故障报警情况；或者主电正常，断开吸气式感烟火灾探测器的备用电源，检查探测器故障报警情况，探测器故障指示灯应点亮。

（3）将测量室与信号处理单元之间的连接线拔掉，检查探测器故障报警情况。探测器应点亮故障灯，探测报警型探测器应同时发出故障报警声。

3. 填写记录

根据测试结果，规范填写《消防控制室值班记录表》；如有故障，还应规范填写《建筑消防设施故障维修记录表》。

要点 019　模拟测试火焰探测器的火警、故障报警功能

职业功能	工作内容	技能要求	相关知识要求	分项考点	分数	总分
2 设施操作	2.1 火灾自动报警系统操作	2.1.5 能模拟测试吸气式火灾探测器、火焰探测器和图像型火灾探测器等的火警、故障报警功能	2.1.5 吸气式火灾探测器、火焰探测器和图像型火灾探测器等的火警、故障报警功能的测试方法	1. 模拟测试火焰探测器故障	0.2	0.5
				2. 模拟测试火焰探测器火警	0.2	
				3. 填写记录	0.1	

一、操作准备

1. 技术资料

火焰探测器系统图、现场布置图和地址编码表，火焰探测器的使用说明书和设计手册等技术资料。

2. 实操设备

含有火焰探测器的集中型火灾自动报警演示系统，旋具、万用表等电工工具，秒表、声级计、火灾探测器功能试验仪器等检测设备。

3. 记录表格

《消防控制室值班记录表》《建筑消防设施故障维修记录表》。

二、操作步骤

1. 模拟测试火焰探测器故障

根据火焰探测器说明书,模拟其故障条件,观察火焰探测器工作情况。断开火焰探测器电源,电源红色指示灯熄灭,此时探测器不能正常工作,故障继电器输出故障信号,探测器处于故障状态,观察其连接控制器工作情况。

2. 模拟测试火焰探测器火警

在距离火焰探测器 2m 左右处,点燃酒精灯、火焰模拟器或打火机,轻微晃动产生动态火苗并启动计时器,观察火焰探测器报火警情况。

3. 填写记录

根据测试结果,规范填写《消防控制室值班记录表》;如有故障,还应规范填写《建筑消防设施故障维修记录表》。

要点020 模拟测试图像型火灾探测器的火警、故障报警功能

职业功能	工作内容	技能要求	相关知识要求	分项考点	分数	总分
2 设施操作	2.1 火灾自动报警系统操作	2.1.5 能模拟测试吸气式火灾探测器、火焰探测器和图像型火灾探测器等的火警、故障报警功能	2.1.5 吸气式火灾探测器、火焰探测器和图像型火灾探测器等的火警、故障报警功能的测试方法	1. 模拟测试图像型火灾探测器故障	0.2	0.5
				2. 模拟测试图像型火灾探测器火警	0.2	
				3. 填写记录	0.1	

一、操作准备

1. 技术资料

图像型火灾探测器系统图、现场布置图和地址编码表，图像型火灾探测器的使用说明书和设计手册等技术资料。

2. 实操设备

含有图像型火灾探测器的集中型火灾自动报警演示系统，旋具、万用表等电工工具，秒表、声级计、火灾探测器功能试验仪器等检测设备。

3. 记录表格

《消防控制室值班记录表》《建筑消防设施故障维修记录表》。

二、操作步骤

1. 模拟测试图像型火灾探测器故障

将图像型火灾探测器光路全部遮挡，图像型火灾探测器应报故障。火灾报警控制器应发出声、光故障信号，指示故障部位，记录故障时间。

2. 模拟测试图像型火灾探测器火警

在距离图像型火灾探测器 5～10m 处，点燃酒精灯、火焰模拟器或打火机，轻微晃动产生动态火苗并启动计时器，观察图像型火灾探测器报警情况。火灾报警控制器应发出声、光火灾报警信号，指示报警部位，记录报警时间。

3. 填写记录

根据测试结果，规范填写《消防控制室值班记录表》；如有故障，还应规范填写《建筑消防设施故障维修记录表》。

要点 021　火灾探测器编码操作

职业功能	工作内容	技能要求	相关知识要求	分项考点	分数	总分
2 设施操作	2.1 火灾自动报警系统操作	2.1.6 能进行火灾探测器编码操作，调整点（线）型感烟火灾探测器、点型感温火灾探测器、手动火灾报警按钮、模块的设置位置等	2.1.6 火灾探测器的编码方法	1. 连接火灾探测器	0.2	0.8
				2. 使用电子编码器进行编码	0.2	
				3. 编码验证	0.2	
				4. 填写记录	0.2	

一、操作准备

1. 技术资料

火灾自动报警系统图、火灾探测器地址编码表、编码器的使用说明书等技术资料。

2. 实操设备

电子编码器，集中型火灾自动报警演示系统，旋具、万用表等电工工具，秒表、声级计、火灾探测器功能试验仪器等检测设备。

3. 记录表格

《火灾探测器编码记录表》《建筑消防设施故障维修记录表》。

二、操作步骤

1. 连接火灾探测器

取一只需要编码的火灾探测器，按电子编码器的使用说明书进行连接。

2. 使用电子编码器进行编码

（1）电子编码器开机准备

打开电子编码器电源，进入电子编码器的编地址功能，选择"二总线设备"选项，进入火灾探测器的"写地址"模式。

（2）输入地址编码

按地址编码表输入该火灾探测器需要设置的地址码 001，按"确认"键。

（3）写地址编码

电子编码器对火灾探测器写地址。

（4）编码完成

在写地址成功后，电子编码器会自动升序进行下一个设备的编码。

3. 编码验证

火灾探测器编码结束后，可以对已编码火灾探测器进行读地址验证，确保编址的准确。使用火灾探测器功能试验仪器测试已编码探测器的报警功能，观察火灾报警控制器是否接收到报警信息，核实探测器的地址编码是否已被火灾报警控制器识别。

4. 填写记录

规范填写《火灾探测器编码记录表》；如有故障，还应规范填写《建筑消防设施故障维修记录表》。

要点 022　调整火灾探测器、手动火灾报警按钮及模块的位置信息

职业功能	工作内容	技能要求	相关知识要求	分项考点	分数	总分
2 设施操作	2.1 火灾自动报警系统操作	2.1.6 能进行火灾探测器编码操作，调整点（线）型感烟火灾探测器、点型感温火灾探测器、手动火灾报警按钮、模块的设置位置等	2.1.6 调整点（线）型感烟火灾探测器、点型感温火灾探测器、手动火灾报警按钮、模块的设置位置等	1. 确定调整位置信息的设备	0.2	1.2
				2. 通过控制器查询总线设备的位置信息	0.2	
				3. 更改总线设备位置信息	0.2	
				4. 批量修改总线设备位置信息	0.2	
				5. 查询确认位置信息	0.2	
				6. 填写记录	0.2	

一、操作准备

1. 技术资料

火灾自动报警系统图、火灾探测器等系统部件现场布置图和地址编码表、火灾报警控制器的使用说明书和设计手册等技术资料。

2. 实操设备

电子编码器，集中型火灾自动报警演示系统，旋具、万用表等电工工具，秒表、声级计、火灾探测器功能试验仪器等检测设备。

3. 记录表格

《消防控制室值班记录表》《建筑消防设施故障维修记录表》。

二、操作步骤

1. 确定调整位置信息的设备

首先需要确定调整位置信息的总线设备，如某库房改造为实验室和会议室，涉及 4 只点型感烟火灾探测器、2 只手动火灾报警按钮的位置信息发生变化，查阅火灾自动报警系统图、建筑物消防设施的平面布置图和地址编码表等技术资料。

2. 通过控制器查询总线设备的位置信息

操作控制器的功能菜单，查找总线设备的位置信息。

3. 更改总线设备位置信息

查找到 2 回路 5 号探测器的原位置信息为"1 号库房东南侧"，通过火灾报警控制器自带的键盘输入法或其生产厂家提供的专用输入工具进行信息录入，将位置信息修改为"实验室南侧"，保存修改。

4. 批量修改总线设备位置信息

（1）按总线设备位置信息变化对照表和控制器使用说明规定的格式编辑设备的位置信息，并保存为 Excel 文档。

（2）批量上传总线设备位置信息

将计算机与火灾报警控制器主板通信口连接并确认通信正常，打开计算机下载工具软件，选择计算机文档中已经保存的设备的位置信息文件，并点击上传，等待信息上传完毕。

5. 查询确认位置信息

操作控制器，查询并确认总线设备位置信息修改完毕。使用火灾探测器功能试验仪器测试已编码探测器的报警功能，观察火灾报警控制器接收到报警信息，核实探测器的地址编码是否已被火灾报警控制器识别。

6. 填写记录

根据检查结果，规范填写《消防控制室值班记录表》；如发现异常情况，还应规范填写《建筑消防设施故障维修记录表》。

要点 023　手动启/停柴油机消防泵组

职业功能	工作内容	技能要求	相关知识要求	分项考点	分数	总分
2 设施操作	2.2 自动灭火系统操作	2.2.1 能手动启/停柴油机消防泵组	2.2.1 手动启/停柴油机消防泵组的方法	1. 检查柴油机消防泵组各部分组成齐全完整、各部件连接完好	0.2	1.2
				2. 接通电源，观察柴油机消防泵组控制柜、各监视仪表显示是否正常	0.2	
				3. 柴油机消防泵控制柜的启动/停止	0.2	
				4. 柴油机仪表箱的启动/停止	0.2	
				5. 柴油机的紧急启动/停止	0.2	
				6. 填写记录	0.2	

一、操作准备

1. 技术资料

设备现场布置图、产品使用说明书和设计安装手册等技术资料。

2. 实操设备

采用柴油机消防泵组供水的演示模型，旋具、万用表等电工工具，活扳手、管子钳等水工工具，压力表、流量计等检测工具，个人防护用品等。

3. 记录表格

《建筑消防设施故障维修记录表》《建筑消防设施维护保养记录表》。

二、操作步骤

1. 检查柴油机消防泵组各部分组成齐全完整、各部件连接完好

2. 接通电源，观察柴油机消防泵组控制柜、各监视仪表显示是否正常

3. 柴油机消防泵控制柜的启动/停止

（1）启动

① 将柴油机消防泵控制柜上的"手动/停止/自动"选择开关旋到"手动"位置。

② 按下"1号电池"或"2号电池"启动按钮，即可启动柴油机消防泵。

③ 将柴油机消防泵控制柜选择开关旋到"自动"位置。

④ 控制柜接收到"远程"启动信号或检测到管网低压力时，自动启动柴油机消防泵。

（2）停止

① 将柴油机消防泵控制柜上的"手动/停止/自动"选择开关旋到"停止"位置，即可停止柴油机消防泵的运行。

② 按下柴油机消防泵控制柜上的"停止"按钮，即可停止柴油机消防泵的运行。

上述两个操作均能停止柴油机消防泵的运行。

4. 柴油机仪表箱的启动/停止

当柴油机消防泵控制柜发生故障不能启动消防泵时，可以通过柴油机仪表箱来启动和停止消防泵。

（1）启动

① 将柴油机仪表箱上的"自动/手动/停止"按钮旋到"手动"位置。

② 按下"1号电池"或"2号电池"启动按钮，即可启动柴油机消防泵。

（2）停止

将"自动/手动/停止"按钮旋到"停止"位置，直到发动机完全停下后松开。

5. 柴油机的紧急启动/停止

当柴油机消防泵控制柜、柴油机仪表箱发生故障，均不能启动消防泵时，可通过柴油机上的紧急启动器来启动消防泵。

（1）启动

用力迅速向上拉1号电池紧急启动器或2号电池紧急启动器，直到发动机启动，上拉时间最长不超过15s。

（2）停止

如果柴油机仪表箱不能停止发动机，可通过操作柴油机燃油泵的停机拉杆停止。

6. 填写记录

规范填写《建筑消防设施故障维修记录表》和《建筑消防设施维护保养记录表》。

要点 024　机械应急方式启/停 电动消防泵组

职业功能	工作内容	技能要求	相关知识要求	分项考点	分数	总分
2 设施操作	2.2 自动灭火系统操作	2.2.2 能通过机械方式启/停电动消防泵组	2.2.2 机械方式启/停电动消防泵组的方法	1. 外观检查	0.1	0.5
				2. 接通主电源	0.1	
				3. 应急启动操作	0.1	
				4. 应急停止操作	0.1	
				5. 填写记录	0.1	

一、操作准备

1. 技术资料

设备现场布置图、产品使用说明书和设计安装手册等技术资料。

2. 实操设备

具有机械应急启动功能的电动消防泵组及配套供水管网，旋具、专用扳手、万用表、安全帽、绝缘手套等。

3. 记录表格

《建筑消防设施故障维修记录表》《建筑消防设施维护保养记录表》。

二、操作步骤

1. 外观检查

检查消防水泵安装的完整性和牢固性，运行正常。

2. 接通主电源

观察消防水泵控制柜各种仪表显示正常。

3. 应急启动操作

分别迅速拉起消防水泵控制柜上的 1 号、2 号机械应急启动手柄，到底后逆时针旋转手柄，到底后松开手柄，启动消防水泵。

4. 应急停止操作

拉动操纵手柄，并顺时针旋转手柄，到底后松开手柄，手柄自动复位，停止消防水泵。

5. 填写记录

规范填写《建筑消防设施故障维修记录表》和《建筑消防设施维护保养记录表》。

要点 025　切换气体灭火控制器工作状态

职业功能	工作内容	技能要求	相关知识要求	分项考点	分数	总分
2 设施操作	2.2 自动灭火系统操作	2.2.3 能切换气体灭火控制器工作状态，手动启/停气体灭火系统	2.2.3 气体灭火控制器的操作方法	1. 确认灭火控制器状态	0.2	0.5
				2. 操作气体灭火控制器手动/自动转换开关	0.1	
				3. 操作防护区出入口的手动/自动转换开关	0.1	
				4. 填写记录	0.1	

一、操作准备

1. 技术资料

气体灭火系统图、气体灭火控制器产品使用说明书和设计手册等技术资料。

2. 常备工具

旋具、钳子、万用表、绝缘胶带等。

3. 防护装备

安全防护装备，如防砸鞋、安全帽、绝缘手套等。

4. 实操设备

组合分配型气体灭火演示系统。

5. 记录表格

《建筑消防设施维护保养记录表》。

二、操作步骤

1. 确认灭火控制器状态

确认灭火控制器显示正常，无故障或报警。

2. 操作气体灭火控制器手动/自动转换开关

操作气体灭火控制器操作面板上的手动/自动转换开关，选择"手动"或"自动"状态，相应状态指示灯点亮。

（1）使用专用钥匙，将手动/自动开关调至"自动"，自动状态指示灯点亮，控制系统处于自动工作状态。

（2）使用专用钥匙，将手动/自动开关调至"手动"，手动状态指示灯点亮，控制系统处于手动工作状态。

3. 操作防护区出入口的手动/自动转换开关

操作防护区出入口的手动/自动转换开关，选择"手动"或"自动"状态，相应状态指示灯点亮。

4. 填写记录

根据实际作业的情况，填写《建筑消防设施维护保养记录表》。

要点 026　控制器手动启动气体灭火系统

职业功能	工作内容	技能要求	相关知识要求	分项考点	分数	总分
2 设施操作	2.2 自动灭火系统操作	2.2.3 能切换气体灭火控制器工作状态，手动启/停气体灭火系统	2.2.3 气体灭火控制器的操作方法	1. 拆卸驱动装置	0.2	1.2
				2. 按下启动按钮	0.2	
				3. 观察动作信号	0.2	
				4. 观察声、光信号	0.2	
				5. 观察联动信号	0.2	
				6. 填写记录	0.2	

一、操作准备

1. 技术资料

气体灭火系统图、气体灭火控制器产品使用说明书和设计手册等技术资料。

2. 常备工具

旋具、钳子、测试设备或万用表、绝缘胶带等。

3. 防护装备

安全防护装备，如防砸鞋、安全帽、绝缘手套等。

4. 实操设备

组合分配型气体灭火演示系统。

5. 记录表格

《建筑消防设施维护保养记录表》。

二、操作步骤

1. 拆卸驱动装置

为了防止气体误喷放，启动操作前，应将电磁阀和驱动瓶组的连接拆开；或拆开启动装置与灭火控制器启动输出端的连接导线，连接与启动装置功率相同的测试设备或万用表。

2. 按下启动按钮

按下气体灭火控制器的手动"启动"按钮。

3. 观察动作信号

观察驱动器、测试设备是否动作，或万用表是否接收到启动信号。

4. 观察声、光信号

观察对应防护区的声、光报警是否正常。

5. 观察联动信号

观察风机、电动防火阀、电动门窗等联动设备的响应是否正常。

6. 填写记录

根据实际作业的情况，规范填写《建筑消防设施维护保养记录表》。

要点 027 防护区外手动启/停 气体灭火系统

职业功能	工作内容	技能要求	相关知识要求	分项考点	分数	总分
2 设施操作	2.2 自动灭火系统操作	2.2.3 能切换气体灭火控制器工作状态，手动启/停气体灭火系统	2.2.3 手动启/停气体灭火系统	1. 手动启动气体灭火系统	0.2	0.5
				2. 手动停止气体灭火系统	0.2	
				3. 填写记录	0.1	

一、操作准备

1. 技术资料

气体灭火系统图、气体灭火控制器产品使用说明书和设计手册等技术资料。

2. 常备工具

旋具、钳子、测试设备或万用表、绝缘胶带等。

3. 防护装备

安全防护装备，如防砸鞋、安全帽、绝缘手套等。

4. 实操设备

组合分配型气体灭火演示系统。

5. 记录表格

《建筑消防设施维护保养记录表》。

二、操作步骤

1. 手动启动气体灭火系统

（1）为防止气体误喷放，启动操作前，应将电磁阀和驱动瓶组的连接拆开；或拆开启动装置与灭火控制器启动输出端的连接导线，连接与启动装置功率相同的测试设备或万用表。

（2）按下设置在防护区疏散出口门外的"紧急启动"按钮。

① 观察启动装置、测试设备是否动作，或万用表是否接收到启动信号。

② 观察对应防护区的声、光报警是否正常。

③ 观察风机、电动防火阀、电动门窗等联动设备的响应是否正常。

注意：应在自动控制和手动控制状态下，分别进行启动操作。

2. 手动停止气体灭火系统

（1）为防止气体误喷放，启动操作前，应将电磁阀和驱动瓶组的连接拆开；或拆开启动装置与灭火控制器启动输出端的连接导线，连接与启动装置功率相同的测试设备或万用表。

（2）将控制系统的工作状态设置为"手动"工作状态。

（3）模拟防护区的两个独立火灾信号。

① 观察灭火控制器是否进入延时启动状态。

② 观察对应防护区的声、光报警是否正常。

③ 观察风机、电动防火阀、电动门窗等联动设备的响应是否正常。

（4）灭火控制器延时启动时间结束前，按下防护区外的"紧急停止"按钮。

① 观察驱动器、测试设备是否动作，或万用表是否接收到停止信号。

② 观察对应防护区的声、光报警是否取消。

③ 观察风机、电动防火阀、电动门窗等联动设备的响应是否停止。

3. 填写记录

根据实际作业的情况，规范填写《建筑消防设施维护保养记录表》。

要点 028　机械应急启动气体灭火系统

职业功能	工作内容	技能要求	相关知识要求	分项考点	分数	总分
2 设施操作	2.2 自动灭火系统操作	2.2.3 能切换气体灭火控制器工作状态，手动启/停气体灭火系统	2.2.3 手动启/停气体灭火系统	1. 手动操作相关设备	0.2	1
				2. 确认启动气瓶组	0.2	
				3. 拔出安全插销，启动容器阀	0.2	
				4. 若启动气瓶的机械应急操作失败应进行的操作	0.2	
				5. 填写记录	0.2	

一、操作准备

1. 技术资料

气体灭火系统图、气体灭火控制器产品使用说明书和设计手册等技术资料。

2. 常备工具

旋具、钳子、万用表、绝缘胶带等。

3. 防护装备

安全防护装备，如防砸鞋、安全帽、绝缘手套等。

4. 实操设备

组合分配型气体灭火演示系统。

5. 记录表格

《建筑消防设施维护保养记录表》。

二、操作步骤

1. 手动操作相关设备

（1）关闭防护区域的送（排）风机及送（排）风阀门，关闭防火阀。

（2）封闭防护区域开口，包括关闭防护区域的门、窗。

（3）切断非消防电源。

2. 确认启动气瓶组

到储瓶间内确认喷放区域对应的启动气瓶组。

3. 拔出安全插销，启动容器阀

拔出与着火区域对应驱动气瓶上电磁阀的安全插销或安全卡套，压下手柄或圆头把手，启动容器阀，释放启动气体。

4. 若启动气瓶的机械应急操作失败应进行的操作

（1）对于单元独立系统，操作该系统所有灭火剂储存装置上的机械应急操作装置，开启灭火剂容器阀，释放灭火剂，即可实施灭火。

（2）对于组合分配系统，首先开启对应着火区域的选择阀，然后再手动打开对应着火区域所有灭火剂储瓶的容器阀，即可实施灭火。

5. 填写记录

根据实际作业的情况，规范填写《建筑消防设施维护保养记录表》。

要点 029 预作用及雨淋自动喷水灭火系统水力警铃报警试验操作

职业功能	工作内容	技能要求	相关知识要求	分项考点	分数	总分
2 设施操作	2.2 自动灭火系统操作	2.2.4 能切换预作用、雨淋自动喷水灭火系统电气控制柜工作状态，手动启/停阀组、泵组	2.2.4 预作用、雨淋自动喷水灭火系统的工作原理和操作方法	1. 关闭警铃	0.2	1
				2. 打开试警铃球阀	0.2	
				3. 关闭试警铃球阀	0.2	
				4. 打开警铃球阀	0.2	
				5. 填写记录	0.2	

一、操作准备

1. 技术资料

预作用及雨淋自动喷水灭火系统图、预作用及雨淋自动喷水灭火系统产品使用说明书和设计手册等技术资料。

2. 常备工具

专用扳手等。

3. 防护装备

防滑鞋、安全帽等。

74

4. 实操设备

预作用及雨淋自动喷水灭火演示系统。

5. 记录表格

《建筑消防设施维护保养记录表》。

二、操作步骤

1. 关闭警铃

关闭警铃球阀，防止水流入系统侧。

2. 打开试警铃球阀

使水力警铃动作报警。

3. 关闭试警铃球阀

停止报警。

4. 打开警铃球阀

系统恢复伺应状态。

5. 填写记录

根据实际作业的情况，规范填写《建筑消防设施维护保养记录表》。

三、注意事项

进行水力警铃报警试验时，应将消防水泵控制柜设置在"手动"状态。

要点 030 预作用自动喷水灭火系统复位操作

职业功能	工作内容	技能要求	相关知识要求	分项考点	分数	总分
2 设施操作	2.2 自动灭火系统操作	2.2.4 能切换预作用、雨淋自动喷水灭火系统电气控制柜工作状态,手动启/停阀组、泵组	2.2.4 预作用、雨淋自动喷水灭火系统的工作原理和操作方法	1. 关闭系统的供水控制阀	0.1	1.1
				2. 打开雨淋报警阀上的隔膜腔控制阀	0.1	
				3. 打开排水阀	0.1	
				4. 推动自动滴水阀推杆	0.1	
				5. 打开复位球阀	0.1	
				6. 按下复位按钮	0.1	
				7. 打开供水阀	0.1	
				8. 关闭复位球阀及排水阀	0.1	
				9. 注入密封水	0.1	
				10. 充装有压介质	0.1	
				11. 填写记录	0.1	

一、操作准备

1. 技术资料

预作用自动喷水灭火系统图、系统组件现场布置图，预作用自动喷水灭火系统产品使用说明书和设计手册等技术资料。

2. 常备工具

旋具、专用扳手等。

3. 防护装备

防滑鞋、安全帽等。

4. 实操设备

预作用自动喷水灭火演示系统。

5. 记录表格

《建筑消防设施维护保养记录表》。

二、操作步骤

1. 关闭系统的供水控制阀

使阀后控制阀处于开启状态。

2. 打开雨淋报警阀上的隔膜腔控制阀

3. 打开排水阀

打开雨淋报警阀上的排水阀及警铃球阀，将系统里的剩余水全部排掉。

4. 推动自动滴水阀推杆

推杆能伸缩且流水已很微小时即可认定水已排尽。

5. 打开复位球阀

使雨淋报警阀的紧急手动快开阀和试警铃球阀保持在关闭状态。

6. 按下复位按钮

按下控制柜的"复位"按钮释放电磁阀，使其闭合。

7. 打开供水阀

缓慢打开阀前供水控制阀，待供水压力表和隔膜腔压力表的指示值相同时再将其完全打开。

8. 关闭复位球阀及排水阀

9. 注入密封水

灌注底水，从底水球阀处缓慢灌入清水，直至溢出，再关闭底水球阀。

10. 充装有压介质

接通气源供气，先打开供气控制阀，再缓慢打开加气球阀注入压缩空气，待整个系统的气压值上升到 0.04MPa 时关闭加气球阀，然后通过调压器管路补气，直到系统自动停止补气，复位完成。

11. 填写记录

根据实际作业的情况，规范填写《建筑消防设施维护保养记录表》。

要点 031　雨淋自动喷水灭火系统复位操作

职业功能	工作内容	技能要求	相关知识要求	分项考点	分数	总分
2 设施操作	2.2 自动灭火系统操作	2.2.4 能切换预作用、雨淋自动喷水灭火系统电气控制柜工作状态，手动启/停阀组、泵组	2.2.4 预作用、雨淋自动喷水灭火系统的工作原理和操作方法	1. 关闭系统的供水控制阀	0.1	1
				2. 打开雨淋报警阀上的隔膜腔控制阀	0.2	
				3. 打开排水阀	0.1	
				4. 推动自动滴水阀推杆	0.1	
				5. 打开复位球阀	0.1	
				6. 按下复位按钮	0.1	
				7. 打开供水阀	0.1	
				8. 关闭复位球阀及排水阀	0.1	
				9. 填写记录	0.1	

一、操作准备

1. 技术资料

雨淋自动喷水灭火系统图、系统组件现场布置图，雨淋自动喷水灭火系统产品使用说明书和设计手册等技术资料。

2. 常备工具

旋具、专用扳手等。

3. 防护装备

防滑鞋、安全帽等。

4. 实操设备

雨淋自动喷水灭火演示系统。

5. 记录表格

《建筑消防设施维护保养记录表》。

二、操作步骤

1. 关闭系统的供水控制阀

使阀后控制阀处于开启状态。

2. 打开雨淋报警阀上的隔膜腔控制阀

3. 打开排水阀

打开雨淋报警阀上的排水阀及警铃球阀，将系统里的剩余水全部排掉。

4. 推动自动滴水阀推杆

推杆能伸缩且流水已很微小时即可认定水已排尽。

5. 打开复位球阀

使雨淋报警阀的紧急手动快开阀和试警铃球阀保持在关闭状态。

6. 按下复位按钮

按下控制柜的"复位"按钮释放电磁阀，使其闭合。

7. 打开供水阀门

缓慢打开阀前供水控制阀，待供水压力表和隔膜腔压力表的指示值相同时再将其完全打开。

8. 关闭复位球阀及排水阀

关闭复位球阀及排水阀，复位完成。

9. 填写记录

根据实际作业的情况，规范填写《建筑消防设施维护保养记录表》。

要点 032　切换泡沫灭火控制器
　　　　　　　工作状态

职业功能	工作内容	技能要求	相关知识要求	分项考点	分数	总分
2 设施操作	2.2 自动灭火系统操作	2.2.5 能切换泡沫灭火控制器工作状态，手动启/停泡沫灭火系统	2.2.5 泡沫灭火系统的分类、工作原理和组件操作方法	1. 查看控制器工作状态	0.2	0.5
				2. 手/自动转换	0.2	
				3. 填写记录	0.1	

一、操作准备

1. 技术资料

泡沫灭火系统图、系统组件现场布置图，泡沫灭火系统产品使用说明书和设计手册等技术资料。

2. 常备工具

万用表、试电笔、钳子、旋具、绝缘胶带等。

3. 防护装备

安全帽、绝缘手套、绝缘鞋等。

4. 实操设备

变电站泡沫喷雾灭火系统演示系统。

5. 记录表格

《消防控制室值班记录表》《建筑消防设施巡查记录表》。

二、操作步骤

1. 查看控制器工作状态

查看当前灭火控制器是否处于正常工作状态。

2. 手/自动转换

根据当前要求，将灭火控制器的控制方式置于"手动"或"自动"状态。

3. 填写记录

根据实际作业的情况，规范填写《消防控制室值班记录表》和《建筑消防设施巡查记录表》。

要点 033　手动启/停泡沫灭火系统

职业功能	工作内容	技能要求	相关知识要求	分项考点	分数	总分
2 设施操作	2.2 自动灭火系统操作	2.2.5　能切换泡沫灭火控制器工作状态，手动启/停泡沫灭火系统	2.2.5　组件操作方法	1. 确认当前消防系统控制盘处于正常状态	0.1	1
				2. 手/自动转换	0.1	
				3. 确认比例混合装置控制柜控制方式	0.2	
				4. 远程启动泡沫消防水泵	0.1	
				5. 远程启动泡沫站内的泡沫比例混合装置	0.2	
				6. 打开着火储罐的罐前阀	0.1	
				7. 观察消防系统控制盘上各设备反馈信号是否正常	0.1	
				8. 填写记录	0.1	

一、操作准备

1. 技术资料

泡沫灭火系统图、系统组件现场布置图，泡沫灭火系统产品使用说明书和设计手册等技术资料。

2. 常备工具

万用表、试电笔、钳子、旋具、绝缘胶带等。

3. 防护装备

安全帽、绝缘手套、绝缘鞋等。

4. 实操设备

储罐区低倍数泡沫灭火系统演示系统。

5. 记录表格

《消防控制室值班记录表》《建筑消防设施巡查记录表》。

二、操作步骤

1. 确认当前消防系统控制盘处于正常状态

2. 手/自动转换

确认消防泵控制柜处于"自动"状态，若为"手动"状态，应将其置于"自动"状态。

3. 确认比例混合装置控制柜控制方式

确认比例混合装置控制柜控制方式是否处于"远程"状态，若为"就地"状态，应将其置于"远程"状态。

4. 远程启动泡沫消防水泵

按下消防系统控制盘上的泡沫消防水泵"启动请求"按钮。

5. 远程启动泡沫站内的泡沫比例混合装置

按下消防系统控制盘上的比例混合装置"启动"按钮。

6. 打开着火储罐的罐前阀

按下消防系统控制盘上的泡沫灭火系统罐前阀"启动"按钮。

7. 观察消防系统控制盘上各设备反馈信号是否正常

8. 填写记录

根据实际作业的情况，规范填写《消防控制室值班记录表》《建筑消防设施巡查记录表》。

要点 034　就地手动启动平衡式泡沫比例混合装置

职业功能	工作内容	技能要求	相关知识要求	分项考点	分数	总分
2 设施操作	2.2 自动灭火系统操作	2.2.5 能切换泡沫灭火控制器工作状态，手动启/停泡沫灭火系统	2.2.5 组件操作方法	1. 查看当前控制柜控制方式	0.2	1
				2. 旋钮置于"就地"状态	0.2	
				3. "一键启动"方式	0.2	
				4. "分别启动"方式	0.2	
				5. 填写记录	0.2	

一、操作准备

1. 技术资料

泡沫灭火系统图、系统组件现场布置图，泡沫灭火系统产品使用说明书和设计手册等技术资料。

2. 常备工具

万用表、试电笔、钳子、绝缘胶带等。

3. 防护装备

安全帽、绝缘手套、绝缘鞋等。

4. 实操设备

平衡式泡沫比例混合装置演示系统。

5. 记录表格

《消防控制室值班记录表》《建筑消防设施巡查记录表》。

二、操作步骤

1. 查看当前控制柜控制方式

2. 旋钮置于"就地"状态

将控制柜上的"就地/远程"旋钮置于"就地"状态。

3. "一键启动"方式

按下控制柜上的"一键启动"按钮，控制柜按照预设的逻辑自动启动装置主系统。如果主系统故障，则主系统自动关闭并启动备用系统。

4. "分别启动"方式

（1）按下控制柜上的"主泡沫液泵进液阀"的"开/开到位"按钮，打开泡沫液泵的进液阀门。

（2）按下控制柜上的"主比例混合器出口阀"的"开/开到位"按钮，打开主比例混合器出口阀。

（3）按下控制柜上的"泡沫液泵电机"的"启动运行"按钮，启动泡沫液泵。

（4）按下控制柜上的"主消防水进口阀"的"开/开到位"按钮，打开主消防水进口阀，使消防水进入比例混合装置。

5. 填写记录

根据实际作业的情况，规范填写《消防控制室值班记录表》和《建筑消防设施巡查记录表》。

要点 035　切换自动跟踪定位射流灭火系统控制装置工作状态

职业功能	工作内容	技能要求	相关知识要求	分项考点	分数	总分
2 设施操作	2.2 自动灭火系统操作	2.2.6 能切换自动跟踪定位射流灭火系统控制装置工作状态，手动启/停消防泵组	2.2.6 自动跟踪定位射流灭火系统的分类、工作原理和组件操作方法	1. 检查系统工作状态	0.2	1
				2. 自动状态切换操作	0.2	
				3. 消防控制室远程手动控制状态切换操作	0.2	
				4. 现场控制箱手动切换操作	0.2	
				5. 填写记录	0.2	

一、操作准备

1. 技术资料

自动跟踪定位射流灭火系统图、系统组件现场布置图和地址编码表，自动跟踪定位射流灭火系统产品使用说明书和设计手册等技术资料。

2. 常备工具

旋具、钳子、万用表、绝缘胶带等。

89

3. 防护装备

安全防护装备，如防砸鞋、安全帽、绝缘手套等。

4. 实操设备

自动跟踪定位射流灭火演示系统（所有设备）。

5. 记录表格

《消防控制室值班记录表》。

二、操作步骤

1. 检查系统工作状态

检查确认系统控制主机、视频监控系统、现场控制箱、灭火装置、自动控制阀、消防水泵及控制柜等系统组件和设备处于正常工作（待命）状态。

2. 自动状态切换操作

（1）解锁自动状态切换操作

在控制主机上切换手动、自动状态，需先用钥匙进行解锁。左侧为消防水泵"手动/自动"和"禁止/允许"状态操作按钮，右侧为消防炮"手动/自动"状态操作按钮。

（2）切换为自动状态

将消防水泵"手动/自动"状态操作按钮打到"自动"状态、"禁止/允许"状态操作按钮打到"允许"状态，将消防炮"自动"打到"允许"状态，并将消防水泵控制柜打到"自动"状态，此时，系统处于自动控制状态。

3. 消防控制室远程手动控制状态切换操作

（1）切换为消防控制室远程手动控制状态

在控制主机的操作面板（界面）上，将消防水泵"手动/自动"状态操作按钮打到"自动"状态、"禁止/允许"状态操作按钮打到"允许"状态，将消防炮"手动"打到"允许"状态、"自动"打到"禁止"状态，并将消防水泵控制柜打到"自动"状态，此时，系统处于消防控制室远程手动控制状态。

（2）消防控制室远程手动操作消防炮

① 系统登录。

② 调用监控视频选择消防炮。

③ 操作消防炮。

4. 现场控制箱手动切换操作

（1）切换为现场手动控制状态

确定要操作的消防炮，找到该消防炮的现场控制箱，插入钥匙，由"禁止"转到"允许"状态，按下"手动"按钮，手动指示灯亮，即进入现场手动控制状态。

（2）现场控制箱手动操作消防炮

长按"上""下""左""右"按钮，分别控制消防炮上、下、左、右运动，松开按钮则消防炮停止运动；按"柱/雾"按钮控制消防炮喷射水柱或水雾。

5. 填写记录

操作结束后，根据操作情况，规范填写《消防控制室值班记录表》。

要点 036　手动启/停自动跟踪定位射流灭火系统消防水泵

职业功能	工作内容	技能要求	相关知识要求	分项考点	分数	总分
2 设施操作	2.2 自动灭火系统操作	2.2.6 能切换自动跟踪定位射流灭火系统控制装置工作状态，手动启/停消防泵组	2.2.6 自动跟踪定位射流灭火系统的分类、工作原理和组件操作方法	1. 消防控制室远程手动启动消防水泵	0.3	1
				2. 现场控制箱手动启动消防水泵	0.3	
				3. 消防泵房启/停消防水泵	0.2	
				4. 填写记录	0.2	

一、操作准备

1. 技术资料

自动跟踪定位射流灭火系统图、系统组件现场布置图和地址编码表，自动跟踪定位射流灭火系统产品使用说明书和设计手册等技术资料。

2. 常备工具

旋具、钳子、万用表、绝缘胶带等。

3. 防护装备

安全防护装备，如防砸鞋、安全帽、绝缘手套等。

4. 实操设备

自动跟踪定位射流灭火演示系统（控制主机、现场控制箱、消防水泵及控制柜）。

5. 记录表格

《消防控制室值班记录表》。

二、操作步骤

1. 消防控制室远程手动启动消防水泵

在控制主机的操作面板（界面）上，将消防水泵"手动/自动"状态操作按钮打到"自动"状态、"禁止/允许"状态操作按钮打到"允许"状态，并将消防水泵控制柜打到"自动"状态，按下消防水泵"启动"按钮，启动消防水泵。

2. 现场控制箱手动启动消防水泵

在控制主机的操作面板（界面）上，将消防水泵"手动/自动"状态操作按钮打到"自动"状态、"禁止/允许"状态操作按钮打到"允许"状态，并将消防水泵控制柜打到"自动"状态，按下现场控制箱上的"启泵"按钮，启动消防水泵。

3. 消防泵房启/停消防水泵

在消防泵房，将消防水泵控制柜打到"手动"状态，按下"启泵"按钮，启动消防水泵；按下"停泵"按钮，停止消防水泵。

4. 填写记录

操作结束后，根据操作情况，规范填写《消防控制室值班记录表》。

要点 037　切换固定消防炮灭火系统控制装置工作状态

职业功能	工作内容	技能要求	相关知识要求	分项考点	分数	总分
2 设施操作	2.2 自动灭火系统操作	2.2.7 能切换固定消防炮灭火系统控制装置工作状态，手动启/停消防泵组	2.2.7 固定消防炮灭火系统的分类、工作原理和组件操作方法	1. 消防控制室远程手动操作	0.3	1
				2. 无线遥控器手动操作	0.3	
				3. 现场控制箱手动操作	0.2	
				4. 填写记录	0.2	

一、操作准备

1. 技术资料

固定消防炮灭火系统图、系统组件现场布置图和地址编码表，固定消防炮灭火系统产品使用说明书和设计手册等技术资料。

2. 备品备件

控制主机和现场控制箱的按钮、按键、继电器、电源模块等。

3. 常备工具

旋具、钳子、万用表、绝缘胶带等。

4. 防护装备

安全防护装备，如防砸鞋、安全帽、绝缘手套等。

5. 实操设备

固定消防炮灭火演示系统。

6. 记录表格

《消防控制室值班记录表》。

二、操作步骤

1. 消防控制室远程手动操作

（1）使消防控制室的主控柜和现场的各个控制箱都处于上电状态，各设备的电源指示灯及各个分站的通信指示灯常亮。

（2）在主控柜上操作远控消防炮，按下相应消防炮的"上""下""左""右"按钮，操作消防炮分别向上、下、左、右运动；按下"直流"或"喷雾"按钮，操作消防炮喷射柱状或雾状水流。

（3）调整好消防炮的位置后，按下相应消防炮出口控制阀的"开""关"按钮，操作阀门打开或关闭。开或关时指示灯闪烁，完全打开或完全关闭时指示灯常亮。

2. 无线遥控器手动操作

（1）将无线遥控器上方的红色旋钮打到"ON"位置（不使用时打到"OFF"位置）。

（2）选择要操作的消防炮，选择炮塔（"1"或"2"），选择水炮或泡沫炮系统（"SP"或"PP"），再选择操作炮或阀（"选炮"或"选阀"）。每次只能选择一座炮塔、一种系统的炮或阀。例如，要操作的是 1 号炮塔水炮，先按下 1 号炮塔，然后按"SP"键，再按"选炮"键，最后按"↑/K""↓/G""←/T""→""直流""喷雾"键操作对应的水炮。

3. 现场控制箱手动操作

（1）打开现场控制箱钥匙锁。

（2）按"上""下""左""右""直流""喷雾"键，操作消防炮上、下、左、右运动，以及柱状、雾状切换。

4. 填写记录

操作结束后，根据操作情况，规范填写《消防控制室值班记录表》。

要点 038　手动启/停固定消防炮灭火系统消防泵组

职业功能	工作内容	技能要求	相关知识要求	分项考点	分数	总分
2 设施操作	2.2 自动灭火系统操作	2.2.7 能切换固定消防炮灭火系统控制装置工作状态，手动启/停消防泵组	2.2.7 固定消防炮灭火系统的分类、工作原理和组件操作方法	1. 消防控制室远程手动启动消防泵组	0.3	1
				2. 现场控制箱手动启动消防泵组	0.3	
				3. 消防泵房启/停消防泵组	0.2	
				4. 填写记录	0.2	

一、操作准备

1. 技术资料

固定消防炮灭火系统图、系统组件现场布置图和地址编码表，固定消防炮灭火系统产品使用说明书和设计手册等技术资料。

2. 备品备件

控制主机、现场控制箱和消防水泵控制柜的按钮、按键、继电器、电源模块等。

3. 常备工具

旋具、钳子、万用表、绝缘胶带等。

4. 防护装备

安全防护装备，如防砸鞋、安全帽、绝缘手套等。

5. 记录表格

《消防控制室值班记录表》。

二、操作步骤

1. 消防控制室远程手动启动消防泵组

将消防水泵控制柜打到"自动"状态，在消防控制室控制主机上按下消防泵组"启动"按钮，远程启动消防泵组。

2. 现场控制箱手动启动消防泵组

将消防水泵控制柜打到"自动"状态，按下现场控制箱上的"启泵"按钮，启动消防泵组。

3. 消防泵房启/停消防泵组

在消防泵房，将消防水泵控制柜打到"手动"状态，按下"启泵"按钮，启动消防泵组；按下"停泵"按钮，停止消防泵组。

4. 填写记录

操作结束后，根据操作情况，规范填写《消防控制室值班记录表》。

要点 039 切换水喷雾灭火控制盘工作状态

职业功能	工作内容	技能要求	相关知识要求	分项考点	分数	总分
2 设施操作	2.2 自动灭火系统操作	2.2.8 能切换水喷雾灭火系统控制装置工作状态,手动启/停系统	2.2.8 水喷雾灭火系统的工作原理和操作方法	1. 确认水喷雾灭火控制盘显示正常,无故障或报警	0.3	1
				2. 水喷雾灭火控制盘解锁	0.3	
				3. 操作"手动/自动"按钮	0.2	
				4. 填写记录	0.2	

一、操作准备

1. 技术资料

水喷雾灭火系统图、火灾探测器等系统部件现场布置图和地址编码表、水喷雾灭火控制器产品使用说明书和设计手册等技术资料。

2. 常备工具

旋具、钳子、万用表、绝缘胶带等。

3. 防护装备

安全防护装备,如防砸鞋、安全帽、绝缘手套等。

4. 实操设备

电动及传动管型水喷雾灭火演示系统。

5. 记录表格

《消防控制室值班记录表》《建筑消防设施维护保养记录表》。

二、操作步骤

1. 确认水喷雾灭火控制盘显示正常，无故障或报警

2. 水喷雾灭火控制盘解锁

按下"解锁"按钮，输入密码确认，即可解锁。

3. 操作"手动/自动"按钮

可切换水喷雾灭火控制盘当前状态，每操作一次，状态切换一次。"自动"状态灯亮时，水喷雾灭火控制盘为"自动"状态，此时水喷雾灭火控制盘接受远程控制；"手动"状态灯亮时，水喷雾灭火控制盘为"手动"状态，此时水喷雾灭火控制盘不接受远程控制。

4. 填写记录

根据实际作业的情况，规范填写《消防控制室值班记录表》和《建筑消防设施维护保养记录表》。

要点 040　手动启/停水喷雾灭火系统

职业功能	工作内容	技能要求	相关知识要求	分项考点	分数	总分
2 设施操作	2.2 自动灭火系统操作	2.2.8 能切换水喷雾灭火系统控制装置工作状态，手动启/停系统	2.2.8 水喷雾灭火系统的工作原理和操作方法	1. 启动操作前，应将控制线路的连接拆开，防止真实喷放	0.2	1
				2. 紧急启动操作	0.2	
				3. 观察相关动作信号联动设备动作是否正常	0.2	
				4. 紧急停止操作	0.2	
				5. 恢复连接线路，将系统恢复至准工作状态	0.1	
				6. 填写记录	0.1	

一、操作准备

1. 技术资料

水喷雾灭火系统图、火灾探测器等系统部件现场布置图和地址编码表、水喷雾灭火控制器产品使用说明书和设计手册等技术资料。

2. 常备工具

旋具、钳子、万用表、绝缘胶带等。

3. 防护装备

安全防护装备，如防砸鞋、安全帽、绝缘手套等。

4. 实操设备

电动及传动管型水喷雾灭火演示系统。

5. 记录表格

《消防控制室值班记录表》《建筑消防设施维护保养记录表》。

二、操作步骤

1. 启动操作前，应将控制线路的连接拆开，防止真实喷放

2. 紧急启动操作

（1）在灭火控制盘面板上操作

紧急启动操作用于紧急状态。当消防值班人员发现火情而此时火灾报警控制器未发出声、光报警信号时，应立即通知现场所有人员撤离现场，在确定所有人员撤离现场后，方可按下水喷雾灭火控制盘面板上的"启动"按钮，系统立即实施灭火操作。

（2）在手动操作控制盒上操作

紧急启动操作用于紧急状态。当消防值班人员发现火情而此时火灾报警控制器未发出声、光报警信号时，应立即通知现场所有人员撤离现场，在确定所有人员撤离现场后，方可按下绿色"启动"按钮，系统立即实施灭火操作。

3. 观察相关动作信号及联动设备动作是否正常

如发出声、光报警，启动输出端的负载响应，关闭通风空调、防火阀等。

4. 紧急停止操作

在水喷雾灭火控制盘延时 30s 内，在水喷雾灭火控制盘面板上

找到对应的"紧急中断"按钮或在手动控制盒上找到对应的"紧急停止"按钮，按下后系统即可停止灭火过程。

5. 恢复连接线路，将系统恢复至准工作状态

6. 填写记录

根据实际作业的情况，规范填写《消防控制室值班记录表》和《建筑消防设施维护保养记录表》。

要点 041　切换细水雾灭火控制盘工作状态

职业功能	工作内容	技能要求	相关知识要求	分项考点	分数	总分
2 设施操作	2.2 自动灭火系统操作	2.2.9 能切换细水雾灭火系统控制装置工作状态，手动启/停系统	2.2.9 细水雾灭火系统的工作原理和操作方法	1. 确认细水雾灭火控制盘显示正常，无故障或报警	0.3	1
				2. 解锁细水雾灭火控制盘	0.3	
				3. 操作"手动/自动"按钮	0.2	
				4. 填写记录	0.2	

一、操作准备

1. 技术资料

细水雾灭火系统图、火灾探测器等系统部件现场布置图和地址编码表、细水雾灭火控制盘产品使用说明书和设计手册等技术资料。

2. 常备工具

旋具、钳子、万用表、绝缘胶带等。

3. 防护装备

安全防护装备，如防砸鞋、安全帽、绝缘手套等。

4. 实操设备

泵组式开式和闭式细水雾灭火演示系统。

5. 记录表格

《消防控制室值班记录表》《建筑消防设施维护保养记录表》。

二、操作步骤

1. 确认细水雾灭火控制盘显示正常，无故障或报警

2. 解锁细水雾灭火控制盘

按下解锁按钮，输入密码确认，即可解锁。

3. 操作"手动/自动"按钮

可切换细水雾灭火控制盘当前状态，每操作一次，状态转换一次。"自动"状态灯亮时，细水雾灭火控制盘为"自动"状态，此时细水雾灭火控制盘接受远程控制；"手动"状态灯亮时，细水雾灭火控制盘为"手动"状态，此时细水雾灭火控制盘不接受远程控制。

4. 填写记录

根据实际作业的情况，规范填写《消防控制室值班记录表》和《建筑消防设施维护保养记录表》。

要点 042　手动启/停细水雾灭火系统

职业功能	工作内容	技能要求	相关知识要求	分项考点	分数	总分
2 设施操作	2.2 自动灭火系统操作	2.2.9 能切换细水雾灭火系统控制装置工作状态，手动启/停系统	2.2.9 细水雾灭火系统的工作原理和操作方法	1. 启动操作前，应将控制线路的连接拆开，防止真实喷放	0.2	1
				2. 紧急启动操作	0.2	
				3. 观察相关动作信号及联动设备动作是否正常	0.2	
				4. 紧急停止操作	0.2	
				5. 恢复连接线路，将系统恢复至准工作状态	0.1	
				6. 填写记录	0.1	

一、操作准备

1. 技术资料

　　细水雾灭火系统图、火灾探测器等系统部件现场布置图和地址编码表、细水雾灭火控制器产品使用说明书和设计手册等技术资料。

2. 常备工具

旋具、钳子、万用表、绝缘胶带等。

3. 防护装备

安全防护装备，如防砸鞋、安全帽、绝缘手套等。

4. 实操设备

泵组式开式和闭式细水雾灭火演示系统。

5. 记录表格

《消防控制室值班记录表》《建筑消防设施维护保养记录表》。

二、操作步骤

1. 启动操作前，应将控制线路的连接拆开，防止真实喷放

2. 紧急启动操作

（1）在灭火控制盘面板上操作。

紧急启动操作用于紧急状态。当消防值班人员发现火情而此时火灾报警控制器未发出声、光报警信号时，应立即通知现场所有人员撤离现场，在确定所有人员撤离现场后，方可按下细水雾灭火控制盘面板上的"启动"按钮，系统立即实施灭火操作。

（2）在手动操作控制盒上操作。

紧急启动操作用于紧急状态。当消防值班人员发现火情而此时报警控制器未发出声、光报警信号时，应立即通知现场所有人员撤离现场，在确定所有人员撤离现场后，方可按下绿色"启动"按钮，系统立即实施灭火操作。

3. 观察相关动作信号及联动设备动作是否正常

如发出声、光报警，启动输出端的负载响应，关闭通风空调、防火阀等。

4. 紧急停止操作

在细水雾灭火控制盘延时 30s 内，在细水雾灭火控制盘面板上找到对应的"紧急中断"按钮或在手动控制盒上找到对应的"紧急停止"按钮，按下后系统即可停止灭火过程。

5. 恢复连接线路，将系统恢复至准工作状态

6. 填写记录

根据实际作业的情况，规范填写《消防控制室值班记录表》和《建筑消防设施维护保养记录表》。

要点043 切换干粉灭火系统控制装置状态和手动启/停干粉灭火系统

职业功能	工作内容	技能要求	相关知识要求	分项考点	分数	总分
2 设施操作	2.2 自动灭火系统操作	2.2.10 能切换干粉灭火系统控制装置工作状态,手动启/停系统	2.2.10 干粉灭火系统的工作原理和操作方法	1. 连接驱动装置	0.2	1
				2. 检查控制盘状态	0.1	
				3. 控制器转为自动控制	0.1	
				4. 观察联动反馈情况	0.1	
				5. 控制器转为手动控制	0.1	
				6. 按下启动按钮	0.1	
				7. 在延迟时间内按下启动按钮	0.1	
				8. 将系统复位	0.1	
				9. 填写记录	0.1	

一、操作准备

1. 技术资料

干粉灭火系统的系统图、管线图、电气接线图，产品说明书和设计手册等技术资料。

2. 常备工具

旋具、钳子、万用表、绝缘胶带等。

3. 防护装备

安全防护装备，如口罩、安全帽等。

4. 实操设备

储气瓶型干粉灭火演示系统。

5. 记录表格

《消防控制室值班记录表》《建筑消防设施故障维修记录表》。

二、操作步骤

1. 连接驱动装置

将干粉灭火控制装置的启动输出端与干粉灭火系统相应防护区驱动装置连接。驱动装置应与阀门的动作机构脱离。也可以用一个启动电压、电流与驱动装置的启动电压、电流相同的负载代替驱动装置。

2. 检查控制盘状态

检查干粉灭火系统控制盘上有无报警、故障及其他异常信息，若正常就进行下一步操作，若有异常则应该先排查并消除异常信息后再进行下一步操作。

3. 控制器转为自动控制

查看防护区内有无工作人员，确定没有人员后，将干粉灭火系统的操控开关置于"自动"状态。

4. 观察联动反馈情况

观察干粉灭火系统有无联动及反馈情况，判断灭火系统是否工作正常。

5. 控制器转为手动控制

将干粉灭火系统的操控开关置于"手动"状态。

6. 按下启动按钮

找到手动紧急启动/停止装置，按下手动"启动"按钮，观察相关动作信号是否正常（如发出声、光报警等）。

7. 在延迟时间内按下启动按钮

在灭火剂喷放延迟时间内（一般不超过 30s），手动按下"紧急停止"按钮，装置应能在灭火剂喷放前的延迟阶段中止。观察驱动装置（或替代负载）是否动作及其他设备有无联动情况。

8. 将系统复位

对平时没有人员的防护区设置为"自动"状态。

9. 填写记录

根据实际作业的情况，规范填写《消防控制室值班记录表》和《建筑消防设施维护保养记录表》。

要点 044　操作柴油发电机组

职业功能	工作内容	技能要求	相关知识要求	分项考点	分数	总分
2 设施操作	2.3 其他消防设施操作	2.3.1 能手动启/停柴油发电机组并完成供电操作	2.3.1 柴油发电机组的操作方法	1. 做好柴油发电机组手动启/停操作前的准备与检查工作	0.2	1
				2. 手动启动操作	0.2	
				3. 手动停车操作	0.2	
				4. 供电手动操作	0.2	
				5. 填写记录	0.2	

一、操作准备

1. 技术资料

柴油发电机组现场布置图、产品使用说明书和设计手册等技术资料。

2. 常备工具

温度计、手套、棉布、万用表、绝缘胶带等。

3. 防护装备

安全防护装备，如防砸鞋、安全帽、绝缘手套等。

4. 实操设备

柴油发电机组演示系统。

5. 记录表格

《消防控制室值班记录表》《建筑消防设施维护保养记录表》。

二、操作步骤

1. 做好柴油发电机组手动启/停操作前的准备与检查工作

（1）检查室内气温是否低于发电机组启动最低环境温度，如低于最低启动环境温度，应开启电加热器对机器进行预热。

（2）检查设备及周围有无妨碍运转和通风的杂物，如有应及时清走。

（3）检查曲轴箱油位、燃油箱油位、散热器水位，如油位或水位低于规定值，应补至正常位置。

（4）检查散热器循环水阀是否常开；检查燃油供油阀是否常开；检查启动柴油机的蓄电池是否达到启动电压；检查应急控制柜电源开关状态是否为开启状态。

2. 手动启动操作

柴油发电机组手动启动操作流程：

（1）按下应急控制柜发电机组控制屏的"手动"按钮，将发电机组控制方式设置为手动模式。

（2）按下应急控制柜发电机组控制屏的"启动"按钮，观察柴油发电机组是否启动运转。

（3）如第一次启动失败，应待控制屏警报消除、机组恢复正常停车状态后方可进行第二次启动。启动后，若机器运转声音正常、冷却水泵运转指示灯亮及电路仪表指示正常，则说明启动成功。

3. 手动停车操作

柴油发电机组手动停车操作流程：

（1）确认柴油发电机组控制方式设置为手动模式，"手动"按钮指示灯点亮。

（2）按下应急控制柜发电机组控制屏的"停止/停车"按钮，观察柴油发电机组是否停止运转，确认机组停止运转，停车完成。

4. 供电手动操作

柴油发电机组供电手动操作流程：

（1）确认柴油发电机组应急控制柜"供电手动/自动开关"的控制方式设置为"手动"模式。

（2）确认柴油发电机组已稳定运行。

（3）确认柴油发电机组发出的电源频率与负载设备频率一致。

（4）确认柴油发电机组发出的电源各相序电压已平衡。

（5）供电操作

① 设有同步器的系统操作。把并车发电机的同步器手柄打在"合闸"位置，观察同步指示器的指示灯，完全熄灭或指针旋转到零位时，即可打上并电合闸开关，机组进入并车运行；随后把其同步器手柄旋回"关断"位置，如果同步器合闸后，同步器指针旋转太快或逆时针旋转，则不允许并车，否则，将导致合闸失效。

② 双电源切换装置的系统手动操作。穿戴好安全防护用品，利用供电操作专用扳手，顺时针将双电源切换装置切换到备用电源供电状态。

5. 填写记录

根据实际作业的情况，规范填写《消防控制室值班记录表》和《建筑消防设施维护保养记录表》。

要点 045　操作水幕自动喷水系统的控制装置

职业功能	工作内容	技能要求	相关知识要求	分项考点	分数	总分
2 设施操作	2.3 其他消防设施操作	2.3.2 能操作水幕自动喷水系统的控制装置	2.3.2 水幕自动喷水系统的工作原理和操作方法	1. 自动控制方式	0.2	0.5
				2. 手动控制方式	0.2	
				3. 填写记录	0.1	

一、操作准备

1. 技术资料

图样、控制装置产品使用说明书等技术资料。

2. 常备工具

万用表、旋具、钳子、绝缘胶带等。

3. 防护装备

安全防护装备，如安全帽、护目镜、绝缘手套等。

4. 实操设备

水幕自动喷水演示系统。

5. 记录表格

《建筑消防设施维护保养记录表》。

二、操作步骤

1. 自动控制方式

（1）确认水幕系统控制装置显示正常，无故障或报警。

（2）操作消防泵控制柜操作面板上的手动/自动转换开关，使消防泵控制柜处于自动状态（如：一主二备、二主一备）。

（3）操作火灾报警控制器和消防联动控制器操作面板上的按钮/开关锁（如有），使面板按钮/开关处于解锁状态。

（4）操作火灾报警控制器和消防联动控制器操作面板上的手动/自动转换开关，使火灾报警控制器和消防联动控制器处于自动状态，相应自动状态指示灯点亮。

2. 手动控制方式

（1）确认水幕系统控制装置显示正常，无故障或报警。

（2）操作消防泵控制柜操作面板上的手动/自动转换开关，使消防泵控制柜处于手动状态。

（3）操作消防联动控制器操作面板上的按钮/开关锁（如有），使面板按钮/开关处于解锁状态。

（4）操作消防联动控制器操作面板上的手动/自动转换开关，使消防联动控制器处于手动状态，相应手动状态指示灯点亮。

（5）操作消防联动控制器面板对应水幕喷水系统电磁阀启动/停止按钮。

3. 填写记录

根据实际作业的情况，规范填写《建筑消防设施维护保养记录表》。

要点 046　消防设备末端配电装置
自动切换主、备用电源

职业功能	工作内容	技能要求	相关知识要求	分项考点	分数	总分
2 设施操作	2.3 其他消防设施操作	2.3.4 能设置消防设备末端配电装置工作模式，切换主、备电源	2.3.4 消防设备末端配电装置的操作方法	1. 切断主电源	0.3	1
				2. 检查消防设备末端配电装置各仪表及指示灯的显示情况	0.3	
				3. 恢复电源	0.2	
				4. 填写记录	0.2	

一、操作准备

1. 技术资料

消防设备末端配电装置系统图、消防设备末端配电装置产品使用说明书和设计手册等技术资料。

2. 常备工具

绝缘钳、绝缘扳手、旋具等。

3. 防护装备

安全防护装备，如绝缘手套、绝缘鞋等电工防护用品。

4. 实操设备

具有双电源切换装置的配电箱（柜）、秒表等检测工具。

5. 记录表格

《消防控制室值班记录表》《建筑消防设施维护保养记录表》。

二、操作步骤

以双电源自动切换装置为例，介绍主电源与备用电源的自动切换。

1. 切断主电源

检查备用电源的自动投入情况，并用秒表测量转换时间。

2. 检查消防设备末端配电装置各仪表及指示灯的显示情况

3. 恢复电源

4. 填写记录

根据实际作业的情况，规范填写《消防控制室值班记录表》和《建筑消防设施维护保养记录表》。

要点 047　消防设备末端配电装置手动切换

职业功能	工作内容	技能要求	相关知识要求	分项考点	分数	总分
2 设施操作	2.3 其他消防设施操作	2.3.4 能设置消防设备末端配电装置工作模式，切换主、备电源	2.3.4 消防设备末端配电装置的操作方法	1. 切断主电源供电断路器，手动操作双电源切换装置至备用电源一侧，实现备用电源供电，检查各仪表及指示灯是否正常	0.2	0.5
				2. 手动操作双电源切换装置至主电源一侧，检查各仪表及指示灯是否正常	0.2	
				3. 填写记录	0.1	

一、操作准备

1. 技术资料

消防设备末端配电装置系统图、消防设备末端配电装置产品使用说明书和设计手册等技术资料。

2. 常备工具

绝缘钳、绝缘扳手、旋具等。

3. 防护装备

安全防护装备，如绝缘手套、绝缘鞋等电工防护用品。

4. 记录表格

《消防控制室值班记录表》《建筑消防设施维护保养记录表》。

二、操作步骤

1. 切断主电源供电断路器，手动操作双电源切换装置至备用电源一侧，实现备用电源供电，检查各仪表及指示灯是否正常

（1）当采用电网电源作备用电源时，切断主电源供电断路器，手动操作双电源切换装置至备用电源一侧后，备用电源断路器闭合，备用电源持续供电。

（2）当采用发电机作备用电源时，切断主电源供电断路器，手动操作双电源切换装置至备用电源一侧后，断开双电源互投柜内负载断路器。启动发电机，待机组运行正常时，顺序闭合发电机空气开关、双电源互投柜内负载断路器，向负载供电。

2. 手动操作双电源切换装置至主电源一侧，检查各仪表及指示灯是否正常

（1）当采用电网电源作备用电源时，手动操作双电源切换装置至主电源一侧：

① 断开双电源互投柜备用电源断路器。

② 闭合双电源互投柜主电源断路器。

③ 恢复主电源供电。

（2）当采用发电机作备用电源时，手动操作双电源切换装置至主电源一侧：

① 断开双电源互投柜备用电源断路器。

② 闭合双电源互投柜主电源断路器。

③ 断开发电机空气开关。

④ 关闭发电机。

⑤ 恢复主电源供电。

3. 填写记录

根据实际作业的情况，规范填写《消防控制室值班记录表》和《建筑消防设施维护保养记录表》。

要点 048　测试消防设备电源状态监控器的报警功能

职业功能	工作内容	技能要求	相关知识要求	分项考点	分数	总分
2 设施操作	2.3 其他消防设施操作	2.3.5 能测试消防设备电源状态监控器的报警功能	2.3.5 消防设备电源状态监控器报警和显示功能的测试方法	1. 测试消防设备供电中断故障报警功能	0.4	1
				2. 测试消防设备电源状态监控器故障报警功能	0.3	
				3. 填写记录	0.3	

一、操作准备

1. 技术资料

消防设备电源监控系统图、系统部件现场布置图和地址编码表，消防设备电源状态监控器使用说明书和设计手册等技术资料。

2. 实操设备

消防设备电源状态监控系统演示模型，旋具、万用表、交流调压器、交流恒流源等电工工具，声级计、秒表等检测设备。

3. 记录表格

《消防控制室值班记录表》《建筑消防设施故障维修记录表》。

二、操作步骤

1. 测试消防设备供电中断故障报警功能

（1）断开某个被监控的消防设备供电电源。

（2）用秒表测量监控器发生故障警报的时间，检查监控器的显示情况。

（3）按监控器"消音"键，监控器的故障声响应关闭，消音指示灯应点亮。

（4）再断开一个被监控的消防设备供电电源，用秒表测量监控器再次发出故障报警的时间，检查监控器的显示情况。

（5）恢复上述消防设备供电。对于能自动复位的监控器，监控器应能自动复位至正常监视状态。对于需手动复位的监控器，操作监控器手动"复位"按键。

2. 测试消防设备电源状态监控器故障报警功能

（1）测试监控器与传感器间连接线故障报警功能

模拟监控器与传感器间连接线的断路、短路和影响系统功能的接地故障，用秒表测量监控器发出故障报警的时间，检查监控器的显示情况。监控器应能在 100s 内发出故障声、光信号，显示并记录故障的部位、类型和时间。

（2）测试监控器与备用电源间连接线故障报警功能

模拟监控器充电器与备用电源间连接线断路、短路（短路前应先将备用电源开关断开）故障，用秒表测量监控器发出故障报警的时间，检查监控器的显示情况。监控器应能在 100s 内发出故障声、光信号，显示并记录故障的部位、类型和时间。

（3）测试监控器与主电源间连接线故障报警功能

模拟监控器自身主电源断电，用秒表测量监控器发出故障报警的时间，检查监控器的显示情况。监控器应能在 100s 内发出故障声、光信号，显示并记录故障的部位、类型和时间。

（4）撤销模拟故障，测试复位情况

对于能自动复位的监控器，监控器应能自动复位至正常监视状态；对于需手动复位的监控器，操作监控器"复位"按键，将监控器复位至正常监视状态。

3. 填写记录

根据测试结果，规范填写《消防控制室值班记录表》；如发现系统异常，还应规范填写《建筑消防设施故障维修记录表》。

要点 049　测试消防应急电源的故障报警和保护功能

职业功能	工作内容	技能要求	相关知识要求	分项考点	分数	总分
2 设施操作	2.3 其他消防设施操作	2.3.6 能测试消防应急电源的故障报警和保护功能	2.3.6 消防应急电源故障报警和过充、过放保护功能的测试方法	1. 模拟消防应急电源故障报警和保护功能	0.2	0.8
				2. 模拟消防应急电源电池欠压故障报警功能和过放电保护功能	0.2	
				3. 模拟消防应急电源的输出过流故障报警功能和输出过流保护功能	0.2	
				4. 填写记录	0.2	

一、操作准备

1. 技术资料

消防应急电源使用说明书和设计手册等技术资料。

2. 实操设备

消防应急电源系统演示模型，旋具、万用表等电工工具。

3. 记录表格

《消防控制室值班记录表》。

二、操作步骤

1. 模拟消防应急电源故障报警和保护功能

（1）模拟充电器与电池组之间连接线的断线故障报警功能

断开充电器与电池组之间的连接线，检查消防应急电源是否发出故障声、光报警信号，并查看消防应急电源是否显示（指示）出故障类型等故障信息。

（2）模拟电池连接线的断线故障报警功能

断开一组电池之间的连接线，检查消防应急电源是否发出故障声、光报警信号，并查看消防应急电源是否显示（指示）出故障类型等故障信息。

2. 模拟消防应急电源电池欠压故障报警功能和过放电保护功能

用万用表测试消防应急电源蓄电池两端的电压，断开消防应急电源主电空气开关，使消防应急电源进入应急工作状态。

当消防应急电源发出电池欠压故障报警声、光信号时，检查消防应急电源蓄电池是否不小于额定电压的90%；消防应急电源在报出电池欠压故障后，检查消防应急电源是否切断输出回路，对蓄电池进行过放电保护，终止放电；终止放电时，用微安表（或者万用表的微安档位）测试蓄电池的静态泄放电流，静态泄放电流不应大于 $10^{-5}C_{20}$ A，其中 C_{20} 代表蓄电池放电时率为 20h 的额定容量。

3. 模拟消防应急电源的输出过流故障报警功能和输出过流保护功能

（1）模拟消防应急电源的输出过流故障报警功能

① 断开控制消防应急电源输出的空气开关。

② 将消防应急电源额定输出功率 120%（不同厂商、型号所规定的输出过流故障报警值不同，以产品说明书中具体规定的数值为准）的负载接入消防应急电源。

③ 闭合控制消防应急电源输出的空气开关，检查消防应急电源是否发出故障声、光报警信号，并查看消防应急电源是否显示（指示）出故障类型等故障信息。

(2) 模拟消防应急电源的输出过流保护功能

① 断开控制消防应急电源输出的空气开关。

② 将消防应急电源额定输出功率150%（不同厂商、型号所规定的输出过流保护值不同，以产品说明书中具体规定的数值为准）的负载接入消防应急电源。

③ 闭合控制消防应急电源输出的空气开关，检查消防应急电源输出启动后是否自动保护，停止输出。

④ 恢复负载为额定功率以下值，检查消防应急电源输出是否恢复到正常工作状态。

4. 填写记录

根据检查结果，规范填写《消防控制室值班记录表》。

要点 050　模拟测试电气火灾监控系统的报警、显示功能

职业功能	工作内容	技能要求	相关知识要求	分项考点	分数	总分
2 设施操作	2.3 其他消防设施操作	2.3.7 能模拟测试电气火灾监控系统、可燃气体探测报警系统的报警、显示功能	2.3.7 电气火灾监控系统、可燃气体探测报警系统报警和显示功能的模拟测试方法	1. 检查电气火灾探测器的报警设定值	0.2	1
				2. 模拟电气火灾探测器报警	0.2	
				3. 查询电气火灾监控设备的监控报警功能	0.2	
				4. 消除电气火灾监控设备报警声音	0.1	
				5. 查询电气火灾监控设备显示信息	0.1	
				6. 复位电气火灾监控设备	0.1	
				7. 填写记录	0.1	

一、操作准备

1. 技术资料

电气火灾监控系统图、监控探测器等系统部件现场布置图和地址编码表、电气火灾监控设备使用说明书和设计手册等技术资料。

2. 实操设备

电气火灾监控系统演示模型，旋具、万用表等电工工具，测温仪、声级计、秒表等检测设备。

3. 记录表格

《消防控制室值班记录表》《建筑消防设施故障维修记录表》。

二、操作步骤

1. 检查电气火灾探测器的报警设定值

（1）检查剩余电流式电气火灾监控探测器的报警设定值

操作电气火灾监控设备查询剩余电流式电气火灾监控探测器的报警设定值，报警设定值为 500mA。

（2）检查测温式电气火灾监控探测器的报警设定值

操作电气火灾监控设备查询测温式电气火灾监控探测器的报警设定值，三只测温式电气火灾监控探测器的报警设定值均为 65℃。

2. 模拟电气火灾探测器报警

（1）模拟剩余电流式电气火灾监控探测器报警

将剩余电流发生器接入剩余电流式电气火灾监控探测器的探测回路，调整发生器的电流值逐渐增大至报警设定值的 120%，直到探测器发出报警信号，检查探测器报警确认灯点亮情况。

（2）模拟测温式电气火灾监控探测器报警

将热风机的出口温度调整为报警设定温度的 105% 以上，一般不高于 120%，即 69～78℃ 之间。用热风机吹测温式电气火灾监控探测器的温敏元件，探测器发出报警信号，检查探测器报警确认灯点亮情况。

（3）模拟故障电弧探测器报警

将故障电弧探测器接入电弧模拟发生器，操作发生器 1s 内发出 14 个以上的故障电弧，直到探测器发出报警信号。

3. 查询电气火灾监控设备的监控报警功能

（1）电气火灾监控设备进入报警状态

剩余电流式电气火灾探测器、测温式电气火灾探测器或故障电弧探测器报警确认灯点亮后，检查电气火灾监控设备报警状态情况。监控器应能在 10s 内发出声、光报警信号，指示报警部位，显示报警时间。

（2）查询探测器测量值功能

操作电气火灾监控设备查询监控探测器实时的剩余电流值和温度值，电气火灾监控设备测剩余电流式电气火灾探测器的电流值为 968mA。

4. 消除电气火灾监控设备报警声音

（1）操作电气火灾监控设备消音

电气火灾监控设备收到报警信息后，会点亮相对应状态的红色报警指示灯，同时发出报警提示音。按下"消音"按键，检查声报警信号的消除情况。

（2）消音指示

监控器的消音指示灯应点亮，记录监控器的声响情况。

5. 查询电气火灾监控设备显示信息

（1）显示监控报警总数

电气火灾监控设备的监控报警总数为 5 个。

（2）手动查询监控报警信息

当有多个监控报警信号输入时，监控设备应按时间顺序显示报警信息；在不能同时显示所有的监控报警信息时，未显示的信息应能手动查询。

（3）监控报警信息优先显示

当电气火灾监控设备的故障信息和监控报警信息同时存在时，监控报警信息优先于故障信息显示。

（4）报警状态下故障可查

当电气火灾监控设备的故障信息和监控报警信息同时存在时，监控报警信息优先于故障信息显示，故障信息应能手动操作查询。

6. 复位电气火灾监控设备

（1）操作电气火灾监控设备复位

恢复所有探测器施加的模拟报警措施，手动操作监控器的"复位"按键，检查探测器指示灯的变化情况，检查监控器的工作状态。

（2）电气火灾监控设备复位完毕

监控器应在 20s 内完成复位操作，恢复至正常监视状态。

7. 填写记录

根据检查和测试结果，规范填写《消防控制室值班记录》；如发现系统异常，还应规范填写《建筑消防设施故障维修记录表》。

要点 051　模拟测试可燃气体探测报警系统的报警、显示功能

职业功能	工作内容	技能要求	相关知识要求	分项考点	分数	总分
2 设施操作	2.3 其他消防设施操作	2.3.7 能模拟测试电气火灾监控系统、可燃气体探测报警系统的报警、显示功能	2.3.7 电气火灾监控系统、可燃气体探测报警系统报警和显示功能的模拟测试方法	1. 模拟可燃气体探测器报警	0.2	1
				2. 查询可燃气体报警控制器的报警信息	0.2	
				3. 消除可燃气体报警控制器的报警声音	0.2	
				4. 查询可燃气体报警控制器的显示信息	0.2	
				5. 复位可燃气体报警控制器	0.1	
				6. 填写记录	0.1	

一、操作准备

1. 技术资料

可燃气体探测报警系统图、可燃气体探测器等系统部件现场布

置图和地址编码表、可燃气体报警控制器使用说明书和设计手册等技术资料。

2. 实操设备

可燃气体探测报警系统演示模型，旋具、扳手、万用表等电工工具，声级计、秒表等检测设备。

3. 记录表格

《消防控制室值班记录表》《建筑消防设施故障维修记录表》。

二、操作步骤

1. 模拟可燃气体探测器报警

选用探测器生产商提供或者指定的标准气体，通过减压阀、流量计、气管，用标定罩对准可燃气体探测器传感器，调整标准气体钢瓶的减压阀，使标准气体缓慢注入，检查探测器报警确认灯点亮情况。注意标准气体的浓度值一定要大于可燃气体探测器的高限报警设定值。

2. 查询可燃气体报警控制器的报警信息

（1）可燃气体报警控制器进入报警状态

可燃气体探测器报警确认灯点亮后，检查可燃气体报警控制器报警状态情况。控制器应能在 10s 内发出可燃气体报警声、光信号，指示报警部位，记录报警时间。

（2）查询探测器浓度值功能

在可燃气体报警控制器报警状态下，操作可燃气体报警控制器，查询探测器的实时浓度显示。

3. 消除可燃气体报警控制器的报警声音

（1）操作可燃气体报警控制器消音

可燃气体报警控制器接收到报警信息，会点亮相对应状态的红色报警指示灯，同时发出报警提示音。

（2）消音指示

检查控制器的消音指示是否清晰、控制器的报警声是否停止。

4. 查询可燃气体报警控制器的显示信息

（1）查询报警信息

操作可燃气体报警控制器，查询首警部位、首警时间和报警总数。

（2）手动查询报警信息

操作可燃气体报警控制器手动"查询"按键，查看后续报警部位是否按报警时间顺序循环显示。

（3）查询报警状态下的故障信息

在可燃气体报警控制器报警状态下，模拟非报警探测器发出故障报警，操作可燃气体报警控制器，查询探测器的故障信息。

5. 复位可燃气体报警控制器

（1）操作可燃气体报警控制器复位

手动操作控制器的"复位"按键，检查探测器指示灯的变化情况，检查控制器的工作状态。

（2）可燃气体报警控制器复位完成

控制器应在 20s 内完成复位操作，恢复至正常监视状态。

6. 填写记录

根据检查和测试结果，规范填写《消防控制室值班记录表》；如发现系统异常，还应规范填写《建筑消防设施故障维修记录表》。

要点 052　清洁消防控制室
设备机柜内部

职业功能	工作内容	技能要求	相关知识要求	分项考点	分数	总分
3 设施保养	3.1 火灾自动报警系统保养	3.1.1 能清洁消防控制室设备机柜内部	3.1.1 消防控制室设备机柜内部的清洁方法	1. 检查并记录设备运行情况	0.1	0.6
				2. 将拟清洁设备断电	0.1	
				3. 拆卸设备结构	0.1	
				4. 检查并清扫设备内部相关部件	0.1	
				5. 通电测试	0.1	
				6. 填写记录	0.1	

一、操作准备

1. 技术资料

消防控制室设备产品使用说明书和设计手册等技术资料。

2. 常备工具和材料

万用表、旋具、软布、防静电毛刷、吸尘器等除尘工具和无水酒精等。

3. 实操设备

集中型火灾自动报警演示系统。

4. 记录表格

《建筑消防设施维护保养记录表》。

二、操作步骤

1. 检查并记录设备运行情况

检查并记录被清洗设备的运行显示信息和开关状态，并确认安全。

2. 将拟清洁设备断电

在清洁消防控制室设备机柜内部之前，应按先备电、后主电的顺序断开设备的电源开关，并确认机柜接地良好。

3. 拆卸设备结构

在拆卸机箱背板和侧板时，应仔细阅读设备产品使用说明书，不可强行拆卸。

4. 检查并清扫设备内部相关部件

（1）内部除尘

使用除尘工具清扫附着在设备内部电子元器件、电路板、接线端子以及电源部件上的灰尘，往软布上倒少许清洁电子设备的专用酒精，使其微湿，小心擦拭设备内部箱体，并待设备内部彻底晾干后再进行其他操作。

（2）接线口和绝缘护套的检查与更换

检查控制器机柜接线口的封堵是否完好，各接线的绝缘护套是否有明显的龟裂、破损，若存在问题及时进行修补和更换。

（3）检查并紧固电路板和接线端子

检查电路板和组件是否有松动，接线端子和线标是否紧固、完好，对松动部位进行紧固。

5. 通电测试

安装好机柜侧门（板）后，先接通主电源开关，再接通备用电源开关，进行自检和整机功能测试。将设备工作恢复至清洁前状态后，关闭机柜前后门（背板）。

6. 填写记录

根据维护保养结果，规范填写《建筑消防设施维护保养记录表》。

要点 053　清洁消防控制设备组件（电路板、插接线等）

职业功能	工作内容	技能要求	相关知识要求	分项考点	分数	总分
3 设施保养	3.1 火灾自动报警系统保养	3.1.2 能清洁火灾报警控制器、消防联动控制器和消防控制室图形显示装置电路板	3.1.2 火灾报警控制器、消防联动控制器和消防控制室图形显示装置电路板积灰的清除方法	1. 安全合理拆卸电路板	0.1	0.6
				2. 清洁电路板上的积尘	0.1	
				3. 插接线清洁与锈蚀处置	0.1	
				4. 安装恢复设备组件	0.1	
				5. 通电并进行整机测试确认	0.1	
				6. 填写记录	0.1	

一、操作准备

1. 技术资料

消防控制室设备产品使用说明书和设计手册等技术资料。

2. 常备工具和材料

旋具、电烙铁、焊锡和专用吸尘器等。

3. 实操设备

集中型火灾自动报警演示系统。

4. 记录表格

《建筑消防设施维护保养记录表》。

二、操作步骤

1. 安全合理拆卸电路板

关闭设备主电源、备用电源开关，等待设备电容放电后（约2min）再拆卸拟清洁的电路板。拆卸电路板前，首先对其所有的插接件进行编号和记录，拔下电路板连接的所有插接件后再拆除固定电路板的螺钉，取下电路板。

2. 清洁电路板上的积尘

使用吸尘器吸除电路板各部分的积尘，注意不可碰触电路板。若用专用刷子刷去电路板部分的积尘，操作时力量一定要适中，以防碰掉电路板表面的贴片元件或造成元件松动。电路板积尘过多处还可用专用酒精进行清洁。

3. 插接线清洁与锈蚀处置

如果电路板上插槽的灰尘过多，可用吸尘器进行清洁。检查接线端子是否有松动，如有松动可用旋具拧紧，如有锈蚀及时更换接线端子。接线端有锈蚀现象，则应剪掉锈蚀部分并镀锡处理后再连接到相应位置。

4. 安装恢复设备组件

安装清洁后的电路板，紧固各连接螺钉，正确连接各插接线，检查并确认各部位无异常。

5. 通电并进行整机测试确认

依次打开设备主电源、备用电源开关，对设备进行自检和整机功能测试，检查设备运行情况是否与清洁前一致。

6. 填写记录

根据维护保养结果，规范填写《建筑消防设施维护保养记录表》。

要点 054 测试蓄电池的充放电功能

职业功能	工作内容	技能要求	相关知识要求	分项考点	分数	总分
3 设施保养	3.1 火灾自动报警系统保养	3.1.3 能测试火灾报警控制器、消防联动控制器蓄电池的充放电功能，更换蓄电池	3.1.3 蓄电池的维护保养内容和更换方法	1. 关闭火灾报警控制器主电源	0.1	0.3
				2. 对蓄电池进行充电		
				3. 对蓄电池进行放电	0.1	
				4. 控制器继续工作		
				5. 欠压指示	0.1	
				6. 填写记录		

一、操作准备

1. 技术资料

火灾探测报警系统图、火灾探测器等系统部件现场布置图和地址编码表、火灾报警控制器使用说明书和设计手册等技术资料。

2. 常备工具

旋具、断线钳、绝缘胶带、万用表等电工工具。

3. 实操设备

集中型火灾自动报警演示系统。

4. 记录表格

《建筑消防设施维护保养记录表》。

二、操作步骤

1. 关闭火灾报警控制器主电源

关闭火灾报警控制器主电开关，保持备电开关处于打开状态，火灾报警控制器处于备电工作状态。

2. 对蓄电池进行充电

当火灾报警控制器不能正常工作或发出欠压报警时，打开火灾报警控制器主电开关，开始对蓄电池进行充电，并计时 24h。此时火灾报警控制器处于主电工作状态。

3. 对蓄电池进行放电

充电 24h 后关闭火灾报警控制器主电开关，并重新开始计时 8h。

4. 控制器继续工作

备电工作 8h 后，对控制器进行模拟火警、联动等功能测试。如果火灾报警控制器能够正常工作 30min，则说明蓄电池容量正常，完成蓄电池充、放电测试；否则需要更换蓄电池。

5. 欠压指示

在进行蓄电池充、放电测试过程中，备用电源不能满足正常工作要求时，应能通过声、光提示备电欠压，且不能消声。

6. 填写记录

根据检查结果，规范填写《建筑消防设施维护保养记录表》。

要点 055　更换蓄电池

职业功能	工作内容	技能要求	相关知识要求	分项考点	分数	总分
3 设施保养	3.1 火灾自动报警系统保养	3.1.3 能测试火灾报警控制器、消防联动控制器蓄电池的充放电功能，更换蓄电池	3.1.3 蓄电池的维护保养内容和更换方法	1. 关闭控制器电源	0.1	0.5
				2. 拆卸蓄电池	0.1	
				3. 安装蓄电池	0.1	
				4. 检查蓄电池与控制器连接是否完整、正确	0.1	
				5. 填写记录	0.1	

一、操作准备

1. 技术资料

火灾报警控制器使用说明书和设计手册等技术资料。

2. 备品备件

控制器厂家提供或者指定规格型号的蓄电池。

3. 常备工具

旋具、钳子、万用表、绝缘胶带等。

4. 记录表格

《建筑消防设施维护保养记录表》。

二、操作步骤

1. 关闭控制器电源

先切断控制器备用电源，再切断控制器主电源，使控制器处于完全断电状态。

2. 拆卸蓄电池

先拆下蓄电池间的连接线，然后拆下蓄电池与控制器间的连接线，再拆下蓄电池的安装支架后取出蓄电池。

3. 安装蓄电池

将新的蓄电池放入控制器内，并安装蓄电池安装支架，先连接两节蓄电池间的连线，后连接蓄电池与控制器间的连线。

4. 检查蓄电池与控制器连接是否完整、正确

依次打开控制器的主电开关和备电开关，依照产品使用说明书对控制器进行自检操作，观察控制器是否工作正常。

5. 填写记录

根据检查结果，规范填写《建筑消防设施维护保养记录表》。

要点 056　吸气式感烟火灾探测器的清洁与保养

职业功能	工作内容	技能要求	相关知识要求	分项考点	分数	总分
3 设施保养	3.1 火灾自动报警系统保养	3.1.4 能清洁吸气式火灾探测器各组件	3.1.4 吸气式火灾探测器的维护保养内容和方法	1. 检查运行环境	0.1	0.3
				2. 检查外观		
				3. 检查接线端子	0.1	
				4. 吹扫采样管		
				5. 接入复检	0.1	
				6. 填写记录		

一、操作准备

1. 技术资料

吸气式感烟火灾探测器使用说明书、设计手册等技术资料。

2. 常备工具和材料

旋具、吹尘器、电烙铁、焊锡、软布等。

3. 实操设备

管路吸气式感烟火灾探测器演示模型。

4. 记录表格

《建筑消防设施维护保养记录表》《建筑消防设施故障维修记录表》。

二、操作步骤

1. 检查运行环境

检查探测器安装部位，如发现有漏水、渗水现象，应上报维修。

2. 检查外观

（1）检查吸气式感烟火灾探测器表面是否有明显的破损，如有应及时上报维修。

（2）检查吸气式感烟火灾探测器的指示灯是否指示正常，如有异常应及时排查故障原因，予以消除。

（3）用专用清洁工具或者软布及适当的清洁剂清洁主机外壳、指示灯，产品标志应清晰、明显，指示灯应清晰可见，功能标注应清晰、明显。

3. 检查接线端子

检查探测器及底座所有产品的接线端子，将连接松动的端子重新紧固连接；换掉有锈蚀痕迹的螺钉、端子垫片等接线部件；去除有锈蚀的导线端，烫锡后重新连接。

4. 吹扫采样管

使用专业工具对吸气式感烟火灾探测器的采样管路进行吹扫，并更换过滤袋。吹扫后应对吸气式感烟火灾探测器重新进行标定，并设定响应阈值。

5. 接入复检

在采样管最末端（最不利处）采样孔加入试验烟，检查探测器或其控制装置是否在 120s 内发出火灾报警信号，结果应符合相关标准和设计要求。不合格时，应上报维修。

6. 填写记录

规范填写《建筑消防设施维护保养记录表》；若发现探测器存在故障，还应规范填写《建筑消防设施故障维修记录表》。

要点 057　保养点型火焰探测器

职业功能	工作内容	技能要求	相关知识要求	分项考点	分数	总分
3 设施保养	3.1 火灾自动报警系统保养	3.1.5 能保养火焰探测器和图像型火灾探测器	3.1.5 火焰探测器和图像型火灾探测器的维护保养内容和方法	1. 检查运行环境	0.1	0.3
				2. 检查外观		
				3. 检查接线端子		
				4. 清洁光路通过的窗口	0.2	
				5. 接入复检		
				6. 填写记录		

一、操作准备

1. 技术资料

点型火焰探测器使用说明书、设计手册等技术资料。

2. 常备工具

旋具、吹尘器、梯子、软布等。

3. 实操设备

含有点型火焰探测器的集中火灾自动报警演示系统。

4. 记录表格

《建筑消防设施维护保养记录表》《建筑消防设施故障维修记录表》。

二、操作步骤

1. 检查运行环境

检查探测器安装部位，发现运行环境有遮挡物时，应及时清理；发现有漏水、渗水现象时，应上报维修。

2. 检查外观

（1）检查探测器表面是否有明显的破损，如有应及时上报维修。

（2）检查探测器的指示灯是否指示正常，如有异常应及时排查故障原因，予以消除。

（3）用专用清洁工具或者软布及适当的清洁剂清洁外壳、指示灯，产品标志应清晰、明显，指示灯应清晰可见，功能标注应清晰、明显。

3. 检查接线端子

将连接松动的端子重新紧固连接；换掉有锈蚀痕迹的螺钉、端子垫片等接线部件；去除有锈蚀的导线端，烫锡后重新连接。

4. 清洁光路通过的窗口

用专用清洁工具或软布及适当的清洁剂清洁光路通过的窗口。

5. 接入复检

产品经维护保养接入系统后，采用专用检测仪器或模拟火灾的方法在探测器监视区域内最不利处检查探测器的报警功能，检查探测器是否能正确响应，结果应符合相关标准和设计要求。不合格时，应上报维修。

6. 填写记录

规范填写《建筑消防设施维护保养记录表》；若发现探测器存在故障，还应规范填写《建筑消防设施故障维修记录表》。

要点 058　保养图像型火灾探测器

职业功能	工作内容	技能要求	相关知识要求	分项考点	分数	总分
3 设施保养	3.1 火灾自动报警系统保养	3.1.5 能保养火焰探测器和图像型火灾探测器	3.1.5 火焰探测器和图像型火灾探测器的维护保养内容和方法	1. 检查运行环境	0.1	0.3
				2. 检查外观		
				3. 检查接线端子	0.1	
				4. 清洁镜头		
				5. 接入复检	0.1	
				6. 填写记录		

一、操作准备

1. 技术资料

图像型火灾探测器使用说明书、设计手册等技术资料。

2. 常备工具和材料

旋具、吹尘器、电烙铁、焊锡、梯子、软布等。

3. 实操设备

含有图像型火灾探测器的集中型火灾自动报警演示系统。

4. 记录表格

《建筑消防设施维护保养记录表》《建筑消防设施故障维修记录表》。

二、操作步骤

1. 检查运行环境

检查探测器安装部位，发现运行环境有遮挡物时，应及时清理；发现有漏水、渗水现象时，应上报维修。

2. 检查外观

用专用清洁工具或者软布及适当的清洁剂清洗外壳、镜头保护罩，以保证产品标志清晰、明显，指示灯清晰可见，功能标注清晰、明显。

3. 检查接线端子

检查探测器及底座所有产品的接线端子，将连接松动的端子重新紧固连接；换掉有锈蚀痕迹的螺钉、端子垫片等接线部件；去除有锈蚀的导线端，烫锡后重新连接。

4. 清洁镜头

若镜头保护罩后的镜头受到污染，用专用镜头纸、软布或清洁剂清洁镜头。

5. 接入复检

产品经维护保养接入系统后，采用专用检测仪器或模拟火灾的方法在探测器监视区域内最不利处检查探测器的报警功能，检查探测器是否能正确响应，结果应符合相关标准和设计要求。不合格时，应上报维修。

6. 填写记录

规范填写《建筑消防设施维护保养记录表》；若发现探测器存在故障，还应规范填写《建筑消防设施故障维修记录表》。

要点 059　保养泡沫产生器

职业功能	工作内容	技能要求	相关知识要求	分项考点	分数	总分
3 设施保养	3.2 自动灭火系统保养	3.2.1 能保养泡沫产生装置、泡沫比例混合装置、供泡沫液消防泵等	3.2.1 泡沫灭火系统的维护保养内容和方法	1. 外观检查与保养	0.2	0.2
				2. 吸气口检查与保养		
				3. 密封玻璃检查与保养		
				4. 填写记录		

一、操作准备

1. 技术资料

泡沫产生器设备说明书、调试手册、图样等技术资料。

2. 常备工具

旋具、抹布等。

3. 实操设备

泡沫灭火演示系统。

4. 记录表格

《建筑消防设施维护保养记录表》。

二、操作程序

1. 外观检查与保养

对泡沫产生器的各部件进行外观检查，查看各部件是否有破损、锈蚀等，必要时重新涂漆防腐。用抹布擦拭泡沫产生器外露表面，清洁外露表面的灰尘或其他污垢。

2. 吸气口检查与保养

检查泡沫产生器吸气口是否有杂物堵塞；如有堵塞应及时将杂物清理。

3. 密封玻璃检查与保养

对泡沫产生器的密封玻璃进行检查，查看是否有破损；如有损坏，应立即更换。

4. 填写记录

根据维护保养的实际情况，规范填写《建筑消防设施维护保养记录表》。

要点 060　保养泡沫比例混合装置

职业功能	工作内容	技能要求	相关知识要求	分项考点	分数	总分
3 设施保养	3.2 自动灭火系统保养	3.2.1 能保养泡沫产生装置、泡沫比例混合装置、供泡沫液消防泵等	3.2.1 泡沫灭火系统的维护保养内容和方法	1. 外观检查及保养	0.1	0.3
				2. 管件检查及保养	0.1	
				3. 安全阀检查及保养		
				4. 平衡阀检查及保养		
				5. 泡沫液泵检查及保养	0.1	
				6. 控制柜检查及保养		
				7. 填写记录		

一、操作准备

1. 技术资料

泡沫比例混合装置使用说明书、调试手册、图样等技术资料。

2. 常备工具

旋具、抹布等。

3. 实操设备

泡沫灭火演示系统。

152

4. 记录表格

《建筑消防设施维护保养记录表》。

二、操作程序

1. 外观检查及保养

对泡沫比例混合装置上的压力表、阀门、控制柜、泡沫液泵、电动机、管道及附件进行外观检查，应完好无损，必要时应对各部件添加润滑脂并进行防锈处理。用抹布擦拭泡沫比例混合装置各部件外露表面，清洁外露表面的灰尘或其他污垢。

2. 管件检查及保养

查看装置各个阀门、管件及连接处是否有松动、渗漏现象，对出现损坏的部件及时维修或更换。

3. 安全阀检查及保养

查看安全阀的定期校验记录，确保在校验周期内，必要时应立即安排校验。

4. 平衡阀检查及保养

检查平衡阀是否损坏，必要时应将平衡阀进行拆解。检查内部膜片是否损坏，如有损坏；及时更换。

5. 泡沫液泵检查及保养

手动检查泡沫液泵运转是否正常，必要时通过现场控制柜启动泡沫液泵，检查其运行是否正常。

6. 控制柜检查及保养

通过外观检查控制柜及各操作按钮、仪表是否正常，必要时启动试验，检查其运行是否正常。

7. 填写记录

根据维护保养的实际情况，规范填写《建筑消防设施维护保养记录表》。

要点 061　保养泡沫液泵

职业功能	工作内容	技能要求	相关知识要求	分项考点	分数	总分
3 设施保养	3.2 自动灭火系统保养	3.2.1 能保养泡沫产生装置、泡沫比例混合装置、供泡沫液消防泵等	3.2.1 泡沫灭火系统的维护保养内容和方法	1. 外观检查	0.2	0.2
				2. 联轴器检查		
				3. 润滑液检查		
				4. 填写记录		

一、操作准备

1. 技术资料

泡沫液泵使用说明书、调试手册、图样等技术资料。

2. 常备工具

旋具、抹布等。

3. 实操设备

泡沫灭火演示系统。

4. 记录表格

《建筑消防设施维护保养记录表》。

二、操作程序

1. 外观检查

对泡沫液泵进行外观检查，应无碰撞变形及其他损伤，表面应无锈蚀，保护涂层应完好，必要时重新涂漆防腐。用抹布擦拭泡沫液泵外露表面，清洁外露表面的灰尘或其他污垢。

2. 联轴器检查

检查泡沫液泵和驱动装置的联轴器是否正常，手动转动应运转正常。

3. 润滑液检查

检查泡沫液泵的润滑液液位，液位应保持在观察孔的中间，必要时添加润滑液。每年更换一次润滑液。

4. 填写记录

根据维护保养的实际情况，规范填写《建筑消防设施维护保养记录表》。

要点 062　保养预作用报警装置

职业功能	工作内容	技能要求	相关知识要求	分项考点	分数	总分
3 设施保养	3.2 自动灭火系统保养	3.2.2 能保养预作用报警阀装置、雨淋报警阀、空气维持装置、排气装置等	3.2.2 预作用、雨淋自动喷水灭火系统的维护保养内容和方法	1. 做好防误动措施	0.2	0.2
				2. 外观检查		
				3. 清洁保养		
				4. 填写记录		

一、操作准备

1. 技术资料

设备说明书、调试手册、图样等技术资料。

2. 常备工具

专用扳手、抹布等。

3. 实操设备

预作用自动喷水灭火演示系统。

4. 记录表格

《建筑消防设施维护保养记录表》。

二、操作步骤

1. 做好防误动措施

根据维护保养的需要，将设备处于手动状态，做好防止误动作的措施。

2. 外观检查

（1）检查报警阀组的标志牌是否完好、清晰，阀体上水流指示永久性标志是否易于观察、与水流方向是否一致。

（2）检查报警阀组组件是否齐全，表面有无裂纹、损伤等现象。

（3）检查报警阀组是否处于伺应状态，观察其组件有无漏水等情况。

（4）检查报警阀组设置场所的排水设施有无排水不畅或者积水等情况。

（5）检查预作用报警装置的火灾探测传动、液（气）动传动及其控制装置、现场手动控制装置的外观标志有无磨损、模糊等情况。

3. 清洁保养

（1）检查预作用报警阀组过滤器的使用性能，清洗过滤器并重新安装到位。

（2）检查主阀以及各个部件外观，及时清除污渍。

（3）检查主阀锈蚀情况，及时除锈；保证各部件连接处无渗漏现象，压力表读数准确，水力警铃动作灵活、声音洪亮，排水系统排水畅通。

4. 填写记录

根据维护保养的实际情况，规范填写《建筑消防设施维护保养记录表》。

要点 063　保养雨淋报警阀组

职业功能	工作内容	技能要求	相关知识要求	分项考点	分数	总分
3 设施保养	3.2 自动灭火系统保养	3.2.2 能保养预作用报警阀装置、雨淋报警阀、空气维持装置、排气装置等	3.2.2 预作用、雨淋自动喷水灭火系统的维护保养内容和方法	1. 做好防误动措施		
				2. 外观检查	0.2	0.2
				3. 清洁保养		
				4. 填写记录		

一、操作准备

1. 技术资料

设备说明书、调试手册、图样等技术资料。

2. 常备工具

感烟探测器功能试验装置、专用扳手、抹布等。

3. 实操设备

雨淋自动喷水灭火演示系统。

4. 记录表格

《建筑消防设施维护保养记录表》。

二、操作步骤

1. 做好防误动措施

根据维护保养的需要，将设备处于手动状态，做好防止误动作的措施。

2. 外观检查

（1）检查报警阀组的标志牌是否完好、清晰；阀体上水流指示永久性标志是否易于观察、与水流方向是否一致。

（2）检查报警阀组组件是否齐全，表面有无裂纹、损伤等现象。

（3）检查报警阀组是否处于伺应状态，观察其组件有无漏水等情况。

（4）检查报警阀组设置场所的排水设施有无排水不畅或者积水等情况。

3. 清洁保养

（1）检查雨淋报警阀组过滤器的使用性能，清洗过滤器并重新安装到位。

（2）检查主阀以及各个部件外观，及时清除污渍。

（3）检查主阀锈蚀情况，及时除锈；保证各部件连接处无渗漏现象，压力表读数准确，水力警铃动作灵活、声音洪亮，排水系统排水畅通。

4. 填写记录

根据维护保养的实际情况，规范填写《建筑消防设施维护保养记录表》。

要点 064　保养空气维持装置

职业功能	工作内容	技能要求	相关知识要求	分项考点	分数	总分
3 设施保养	3.2 自动灭火系统保养	3.2.2 能保养预作用报警阀装置、雨淋报警阀、空气维持装置、排气装置等	3.2.2 预作用、雨淋自动喷水灭火系统的维护保养内容和方法	1. 外观检查	0.1	0.3
				2. 清洁保养	0.1	
				3. 填写记录	0.1	

一、操作准备

1. 技术资料

设备说明书、调试手册、图样等技术资料。

2. 常备工具

旋具、专用扳手、抹布等。

3. 实操设备

预作用自动喷水灭火演示系统。

4. 记录表格

《建筑消防设施维护保养记录表》。

二、操作步骤

1. 外观检查

检查预作用报警装置的充气设备及其控制装置的外观标志有无

磨损、模糊等情况，相关设备及其通用阀门是否处于工作状态。

2. 清洁保养

（1）检查空气压缩机空气滤清器，清除油池内积污，补充新的润滑油，必要时清洗过滤网。

（2）检查空气压缩机内排气通道、储气罐及排气管系统，清除内部积灰及油污。

3. 填写记录

根据维护保养的实际情况，规范填写《建筑消防设施维护保养记录表》。

要点 065　保养排气装置

职业功能	工作内容	技能要求	相关知识要求	分项考点	分数	总分
3 设施保养	3.2 自动灭火系统保养	3.2.2 能保养预作用报警阀装置、雨淋报警阀、空气维持装置、排气装置等	3.2.2 预作用、雨淋自动喷水灭火系统的维护保养内容和方法	1. 外观检查	0.1	0.3
				2. 清洁保养	0.1	
				3. 填写记录	0.1	

一、操作准备

1. 技术资料

设备说明书、调试手册、图样等技术资料。

2. 常备工具

感烟探测器功能试验装置、专用扳手、抹布等。

3. 实操设备

预作用自动喷水灭火演示系统。

4. 记录表格

《建筑消防设施维护保养记录表》。

二、操作步骤

1. 外观检查

检查预作用报警装置的排气装置及其控制装置的外观标志有无

162

磨损、模糊等情况，相关设备及其通用阀门是否处于工作状态。

2. 清洁保养

（1）检查排气阀排气孔是否堵塞，及时将排气孔清理干净。

（2）检查电磁阀，及时清洗阀内外及衔铁吸合面的污物。

3. 填写记录

根据维护保养的实际情况，规范填写《建筑消防设施维护保养记录表》。

要点 066　保养气体灭火剂储存装置

职业功能	工作内容	技能要求	相关知识要求	分项考点	分数	总分
3 设施保养	3.2 自动灭火系统保养	3.2.3 能保养气体灭火系统的灭火剂储存、启动、控制和防护区泄压等装置	3.2.3 气体灭火系统的维护保养内容和方法	1. 做好防误动措施	0.2	0.2
				2. 外观检查		
				3. 清洁保养		
				4. 填写记录		

一、操作准备

1. 技术资料

设备说明书、图样、产品使用说明书和设计手册等技术资料。

2. 常备工具

旋具、钳子、万用表、清洁抹布等。

3. 防护装备

安全防护装备，如防砸鞋、安全帽、绝缘手套等。

4. 实操设备

组合分配型高压、低压二氧化碳灭火演示系统。

5. 记录表格

《建筑消防设施维护保养记录表》。

二、操作步骤

1. 做好防误动措施

根据维护保养的需要，将设备处于手动状态，做好拆除电磁阀连接线路等防止误动作的措施。

2. 外观检查

（1）观察、检查低压二氧化碳储存装置的运行情况及储存装置间的设备状态是否正常，并进行记录。

（2）观察、检查储存装置的所有设备、部件、支架等有无碰撞变形及其他损伤，表面有无锈蚀，保护涂层是否完好，铭牌和标志牌是否清晰，手动操作装置的防护罩、铅封和安全标志是否完整。

（3）观察、检查灭火剂单向阀、选择阀的流向指示箭头与灭火剂流向是否一致。

（4）手动检查储存装置及支架的安装是否牢固。

（5）灭火剂及增压气体泄漏情况检查及测量：

① 对照设计资料，检查低压二氧化碳灭火系统储存装置、外储压式七氟丙烷灭火系统储存装置的液位计示值是否满足设计要求，灭火剂损失 10%时应及时补充。

② 检测高压二氧化碳储存容器的称重装置，泄漏量超过 10%时，称重装置应该报警，否则应进行检修。

③ 观察 IG541、七氟丙烷等卤代烷灭火系统灭火剂储瓶的压力显示，压力损失 10%时，应进行检修。部分压力表直接连通储瓶，可直接观察压力值；部分压力表需要开启压力表底座上的连通阀门才能连通储瓶，观察前先打开连通阀门，观察后关闭阀门；部分产品直接采用压力传感器测量，电子屏幕直接读取压力值。

④ 按储存容器全数（不足 5 个的按 5 个计）的 20%，拆下七氟丙烷等卤代烷灭火系统储存容器进行称重检测。灭火剂损失超过 10%时，应进行检修。

建议：检测到 1 瓶灭火剂损失超标时，进行全数称重检测。

3. 清洁保养

（1）所有设备清洁、除尘。

（2）除压力容器外，金属部件表面有轻微锈蚀情况的，进行除锈和防腐处理。

（3）金属螺纹连接处，选择阀手柄、压臂与阀体的连接处，选择阀气动活塞、主活塞处，均注润滑剂。

4. 填写记录

根据维护保养的实际情况，规范填写《建筑消防设施维护保养记录表》。

要点 067 保养气体灭火系统启动、控制装置

职业功能	工作内容	技能要求	相关知识要求	分项考点	分数	总分
3 设施保养	3.2 自动灭火系统保养	3.2.3 能保养气体灭火系统的灭火剂储存、启动、控制和防护区泄压等装置	3.2.3 气体灭火系统的维护保养内容和方法	1. 做好防误动措施	0.2	0.2
				2. 外观检查		
				3. 清洁保养		
				4. 填写记录		

一、操作准备

1. 技术资料

设备说明书、图样、产品使用说明书和设计手册等技术资料。

2. 常备工具

旋具、钳子、万用表、清洁抹布等。

3. 防护装备

安全防护装备，如防砸鞋、安全帽、绝缘手套等。

4. 实操设备

组合分配型七氟丙烷气体灭火演示系统。

5. 记录表格

《建筑消防设施维护保养记录表》。

二、操作步骤

1. 做好防误动措施

根据维护保养的需要，将设备处于手动状态，做好拆除电磁阀连接线路等防止误动作的措施。

2. 外观检查

（1）观察、检查控制装置的运行情况，观察灭火控制器显示状态是否正常，并进行记录。

（2）观察、检查启动及控制装置的所有设备、部件、支架等有无碰撞变形及其他损伤，表面有无锈蚀，保护涂层是否完好，铭牌和标志牌是否清晰，手动操作装置的防护罩、铅封和安全标志是否完整。

（3）观察、检查气单向阀的流向指示箭头与要求的气体流向是否一致。

（4）观察、检查驱动气体储存装置安全阀的泄压方向是否朝向操作面。

（5）对照竣工图样，观察、检查启动及控制装置的安装是否与图样一致。

（6）手动检查启动装置及支架的安装是否牢固、控制装置各部件的安装是否牢固。

（7）驱动气体泄漏情况检查。观察、检查驱动气体储存装置的压力显示是否在压力表绿色区域。

3. 清洁保养

（1）所有设备清洁、除尘。

（2）除压力容器外，金属部件表面有轻微锈蚀情况的，进行除锈和防腐处理。

（3）金属螺纹连接处以及电磁驱动器应急操作的阀杆处，注润滑剂。

4. 填写记录

根据维护保养的实际情况，规范填写《建筑消防设施维护保养记录表》。

要点 068　保养防护区泄压装置

职业功能	工作内容	技能要求	相关知识要求	分项考点	分数	总分
3 设施保养	3.2 自动灭火系统保养	3.2.3　能保养气体灭火系统的灭火剂储存、启动、控制和防护区泄压等装置	3.2.3　气体灭火系统的维护保养内容和方法	1. 外观检查	0.1	0.3
				2. 清洁保养	0.1	
				3. 填写记录	0.1	

一、操作准备

1. 技术资料

设备说明书、图样、产品使用说明书和设计手册等技术资料。

2. 常备工具

旋具、钳子、万用表、清洁抹布等。

3. 防护装备

安全防护装备，如防砸鞋、安全帽、绝缘手套等。

4. 实操设备

组合分配型烟烙尽气体灭火演示模型。

5. 记录表格

《建筑消防设施维护保养记录表》。

二、操作步骤

1. 外观检查

（1）观察、检查防护区泄压装置有无碰撞变形及其他损伤，表面有无锈蚀，保护涂层是否完好，铭牌和标志牌是否清晰。

（2）对照竣工图，观察、检查防护区泄压装置设置位置是否符合设计要求。

（3）手动检查防护区泄压装置的安装是否牢固。

2. 清洁保养

（1）清洁、除尘。

（2）金属部件表面有轻微锈蚀情况的，应进行除锈和防腐处理。

（3）固定部件与活动组件的连接处注润滑剂。

3. 填写记录

根据维护保养的实际情况，规范填写《建筑消防设施维护保养记录表》。

要点 069　保养自动跟踪定位射流灭火系统

职业功能	工作内容	技能要求	相关知识要求	分项考点	分数	总分
3 设施保养	3.2 自动灭火系统保养	3.2.4 能保养自动跟踪定位射流装置及其控制装置	3.2.4 自动跟踪定位射流灭火系统的维护保养内容和方法	1. 保养灭火装置	0.1	0.3
				2. 保养探测装置		
				3. 保养控制装置	0.1	
				4. 保养电气线路		
				5. 保养供水设施及管网	0.1	
				6. 填写记录		

一、操作准备

1. 技术资料

自动跟踪定位射流灭火系统图、系统组件现场布置图和地址编码表、自动跟踪定位射流灭火系统产品使用说明书和设计手册等技术资料。

2. 常备工具和材料

旋具、钳了、万用表、绝缘胶带、润滑油脂等。

3. 防护装备

安全防护装备，如安全带、防砸鞋、安全帽、绝缘手套等。

172

4. 实操设备

自动跟踪定位射流灭火演示系统。

5. 记录表格

《建筑消防设施维护保养记录表》。

二、操作步骤

1. 保养灭火装置

自动跟踪定位射流灭火系统的灭火装置，包括自动消防炮、喷射型自动射流灭火装置、喷洒型自动射流灭火装置。保养方法及操作流程如下：

（1）检查灭火装置安装固定是否牢固。

（2）灭火装置运动机构添加润滑油。

（3）通过控制主机远程操作检查灭火装置上、下、左、右、直流/喷雾动作是否正常。

（4）通过现场控制箱操作检查灭火装置上、下、左、右、直流/喷雾动作是否正常。

（5）通过操作灭火装置运动，检查各方位的行程速度，若有卡阻、迟缓等现象，应进行检修。

（6）检查灭火装置的运动极限定位是否符合要求，若不符合，应进行调整。

（7）检查灭火装置流道及出口是否有异物堵塞，若有异物，应进行清除，确保射流畅通。

2. 保养探测装置

自动跟踪定位射流灭火系统的探测装置主要有图像型火灾探测器、红紫外复合探测器。保养方法及操作流程如下：

（1）检查探测器安装是否牢固，以免探测范围、探测灵敏度发生变化。

（2）检查探测器的接线是否整齐、牢固。

（3）通过控制主机操作界面、监视器，检查可见视频、红外视频图像信号是否正常，是否存在图像干扰、抖动。

（4）检查可见视频图像的清晰度，若不清晰，应清洗或调修探测器。

（5）利用火源测试探测器观察火源在红外视频图像中成像的清晰度，若不清晰，应清洗或调修探测器。

（6）利用火源测试探测器检查探测器灵敏度阈值是否正常。

（7）开启控制装置系统巡检模式，利用火源测试探测器检查探测器火源信号输出功能是否正常。

3. 保养控制装置

自动跟踪定位射流灭火系统控制装置包括控制主机、硬盘录像机、矩阵切换器、监视器、UPS电源、现场控制箱、信号处理器、消防水泵控制柜等。保养方法及操作流程如下：

（1）控制主机

① 控制主机清洁、除尘。

② 检查安装是否牢固。

③ 检查电源、通信、控制、视频接线是否紧固。

④ 检查电源是否正常。

⑤ 检查测试自检功能是否正常。

⑥ 检查系统软件运行是否正常、参数设置是否正确。

⑦ 操作检查远程启动消防水泵功能是否正常，检查自动控制阀开启、关闭的控制功能是否正常。

⑧ 检查消防水泵、灭火装置、自动控制阀、信号阀、水流指示器等的状态显示功能是否正常。

⑨ 检查模拟末端试水装置的系统启动功能。

⑩ 进行系统灭火功能测试。使控制主机处于自动状态下，模拟输入火警信号，检查控制装置能否自动启动消防水泵、打开自动控制阀、启动系统射流灭火，并应同时启动声、光警报器和其他联动设备。

⑪ 检查火灾现场视频实时监控和记录功能是否正常。

（2）硬盘录像机

① 检查录像机对图像型火灾探测器可见视频的录像功能。

② 检查录像查询及回放功能。

③ 校对录像时间。

（3）矩阵切换器

① 通过矩阵切换器键盘切换监视器上的视频图像。

② 利用火源测试图像型火灾探测器观察监视器是否显示报警探测器的视频图像。

③ 校对矩阵时间。

④ 检查参数设置是否正确。

⑤ 检查矩阵切换器键盘按键是否灵敏。

⑥ 检查电源、通信、视频接线是否紧固。

（4）监视器

① 检查画面显示是否正常。

② 检查电源、视频接线是否紧固。

（5）UPS 电源

① 检测市电输入是否正常。

② 检测 UPS 电源输出是否正常。

③ 检测蓄电池组供电是否正常，测量供电电压是否正常。

④ 测试市电切断后 UPS 逆变供电是否正常。

⑤ 检查 UPS 电源主机负载是否正常、有无故障显示。

⑥ 检查 UPS 电源主机风扇是否全部正常运转。

⑦ 对 UPS 电源进行充、放电试验。

（6）现场控制箱

① 现场控制箱清洁、除尘。

② 检查安装是否牢固。

③ 检查电源、通信接线是否紧固。

④ 检查现场控制箱钥匙锁（或密码锁）是否正常。

⑤ 操作检查远程启动消防水泵功能是否正常，检查自动控制阀开启、关闭的控制功能是否正常。

⑥ 检查消防水泵、自动控制阀和水流指示器的状态显示功能是否正常。

⑦ 测试现场手动控制和消防控制室手动控制的切换功能是否

正常。

4. 保养电气线路

系统电气线路包括电源线、控制线、通信线、视频线等。电气线路的保养方法及操作流程如下：

（1）检查线路接头，对锈蚀、老化、损坏的接头进行更换。

（2）检查接线端子，对松动的端子进行紧固，对锈蚀、老化、损坏的端子进行更换。

（3）排查线路是否存在短路、断路现象。

（4）检查图像信号是否存在干扰，找到干扰因素进行排除。

（5）整理杂乱线路，修复故障线路。

（6）对无标志或标志不清的线路进行标志，制作线路标签。

5. 保养供水设施及管网

（1）检查系统供水管网内的水压是否正常。

（2）检查消防储水设施、设备水位是否正常，在寒冷季节，检查是否有结冰。

（3）检查消防水泵自动巡检运转情况是否正常。

（4）检查消防水泵启动运转情况是否正常。

（5）检查气压稳压装置工作状态是否正常。

（6）检查所有阀门开闭状态是否正常。

（7）检查管道、附件的外观及标志是否正确。

（8）检查模拟末端试水装置出水和压力是否正常。

（9）测试消防水泵出水流量和压力是否正常，消防水泵启动、主备泵切换是否正常。

（10）检查管道和支吊架是否松动，管道连接件是否变形、老化或有裂纹。

（11）检查水泵接合器是否完好。

（12）检查和清洗消防储水设施、过滤器。

6. 填写记录

根据维护保养的实际情况，规范填写《建筑消防设施维护保养记录表》。

要点 070　保养固定消防炮灭火系统

职业功能	工作内容	技能要求	相关知识要求	分项考点	分数	总分
3 设施保养	3.2 自动灭火系统保养	3.2.5 能保养固定消防炮及其控制装置	3.2.5 固定消防炮灭火系统的维护保养内容和方法	1. 保养消防炮	0.1	0.3
				2. 保养控制装置		
				3. 保养电气线路		
				4. 保养供水设施及管网	0.2	
				5. 保养泡沫罐和泡沫比例混合装置		
				6. 保养干粉罐和氮气瓶组		
				7. 填写记录		

一、操作准备

1. 技术资料

固定消防炮灭火系统图、系统组件现场布置图和地址编码表，固定消防炮灭火系统产品使用说明书和设计手册等技术资料。

2. 常备工具和材料

旋具、钳子、万用表、绝缘胶带、润滑油脂等。

3. 防护装备

安全防护装备，如安全带、防砸鞋、安全帽、绝缘手套等。

4. 实操设备

固定消防炮灭火演示系统。

5. 记录表格

《建筑消防设施维护保养记录表》。

二、操作步骤

1. 保养消防炮

固定消防炮灭火系统的消防炮包括消防水炮、消防泡沫炮、消防干粉炮。保养方法及操作流程如下：

（1）检查消防炮及附件外观是否完好。

（2）检查消防炮安装固定是否牢固，消防炮体连接件及法兰螺钉是否紧固。

（3）检查消防炮电气接线是否正常、有无破损。

（4）消防炮运动机构加注润滑油。

（5）手动操作消防炮上、下、左、右、直流/喷雾动作是否正常，检查各方位的行程速度，若有卡阻、迟缓等现象，应进行检修。

（6）检查消防炮的运动极限定位是否正常，若不正常，应进行调整。

（7）通过控制主机远程操作检查消防炮上、下、左、右、直流/喷雾动作是否正常。

（8）通过现场控制箱操作检查消防炮上、下、左、右、直流/喷雾动作是否正常。

（9）通过无线遥控器操作检查消防炮上、下、左、右、直流/喷雾动作是否正常。

2. 保养控制装置

固定消防炮灭火系统控制装置包括控制主机、现场控制箱、无线遥控器、消防水泵控制柜等。保养方法及操作流程如下：

（1）控制主机

① 控制主机清洁、除尘。

② 检查安装是否牢固。

③ 检查电源、通信、控制接线是否紧固。

④ 检查电源是否正常。

⑤ 检查按钮、按键、指示灯状态是否正常。

⑥ 操作检查远程启动消防水泵功能是否正常，检查控制阀开启、关闭的控制功能是否正常。

⑦ 检查消防水泵、消防炮、控制阀等的状态显示功能是否正常。

（2）现场控制箱

① 现场控制箱清洁、除尘。

② 检查安装是否牢固。

③ 检查电源、通信接线是否紧固。

④ 检查现场控制箱钥匙锁（或密码锁）是否正常。

⑤ 操作检查远程启动消防水泵功能是否正常，检查控制阀开启、关闭的控制功能是否正常。

⑥ 检查消防水泵和控制阀的状态显示功能是否正常。

⑦ 测试现场手动控制和消防控制室手动控制的切换功能是否正常。

（3）无线遥控器

① 检查无线遥控器钥匙锁是否正常。

② 检查电池是否正常。

③ 操作检查消防炮选择功能是否正常，例如选择 1 号炮塔消防水炮进行操作。

④ 操作检查消防炮水平、俯仰回转动作和射流状态转换的控制功能是否正常。

⑤ 操作检查控制阀开启、关闭的控制功能是否正常，检查阀门开极限、关极限的状态反馈是否正常。

3. 保养电气线路

系统电气线路包括电源线、控制线、通信线等。电气线路的保养方法及操作流程如下：

（1）检查线路接头，对锈蚀、老化、损坏的接头进行更换。

（2）检查接线端子，对松动的端子进行紧固，对锈蚀、老化、损坏的端子进行更换。

（3）排查线路是否存在短路、断路现象。

（4）整理杂乱线路，修复故障线路。

（5）对无标志或标志不清的线路进行标志，制作线路标签。

4. 保养供水设施及管网

（1）检查系统供水管网内的水压是否正常。

（2）检查消防储水设施、设备水位是否正常，在寒冷季节，检查是否有结冰。

（3）检查消防水泵自动巡检运转情况是否正常。

（4）检查消防水泵启动运转情况是否正常。

（5）检查气压稳压装置工作状态是否正常。

（6）检查所有阀门开闭状态是否正常。

（7）检查管道、附件的外观及标志是否正确。

（8）测试消防水泵出水流量和压力是否正常，消防水泵启动、主备泵切换是否正常。

（9）检查管道和支吊架是否松动，管道连接件是否变形、老化或有裂纹。

（10）检查和清洗消防储水设施、过滤器。

（11）定期冲洗管道，清除锈渣，并进行涂漆处理。

5. 保养泡沫罐和泡沫比例混合装置

（1）检查外观是否正常。

（2）检查安装固定是否牢固、管路连接是否紧固。

（3）检查泡沫罐液位是否正常。

（4）检查泡沫罐内泡沫灭火剂是否在有效期内。

6. 保养干粉罐和氮气瓶组

（1）检查外观是否正常。

（2）检查安装固定是否牢固、管路连接是否紧固。

（3）检查氮气瓶的储压是否正常，正常值为不小于设计压力的 90%。

（4）检查干粉罐内干粉灭火剂是否在有效期内。

7. 填写记录

根据维护保养的实际情况，规范填写《建筑消防设施维护保养记录表》。

要点 071　保养水喷雾灭火系统

职业功能	工作内容	技能要求	相关知识要求	分项考点	分数	总分
3 设施保养	3.2 自动灭火系统保养	3.2.6 能保养水喷雾灭火系统组件	3.2.6 水喷雾灭火系统的维护保养内容和方法	1. 做好防误动措施	0.2	0.2
				2. 外观检查		
				3. 清洁保养		
				4. 填写保养记录		

一、操作准备

1. 技术资料

水喷雾灭火系统图、水喷雾灭火控制器产品使用说明书和设计手册等技术资料。

2. 常备工具

通用扳手、水雾喷头专用扳手、旋具、刷子、钳子、万用表、绝缘胶带、高压冲洗设备（用于清洗雨淋阀、过滤器和喷头，压力≥0.5MPa）等。

3. 防护装备

安全防护装备，如防砸鞋、安全帽、绝缘手套等。

4. 实操设备

水喷雾自动灭火演示系统。

5. 记录表格

《消防控制室值班记录表》《建筑消防设施维护保养记录表》。

二、操作步骤

1. 做好防误动措施

根据维护保养的需要，将设备处于手动状态，做好防止误动作的措施。

2. 外观检查

（1）检查雨淋阀组的电磁阀、过滤器等组件，应完好，无漏水、锈蚀等情况。

（2）检查控制阀门，均应采用铅封或锁链固定在开启或规定的状态。

（3）检查水雾喷头的备件，应能满足要求；检查水雾喷头周围，应无遮挡。

3. 清洁保养

（1）喷头上有异物时应及时清除。

（2）对雨淋阀密封圈、过滤器进行清洁保养。

4. 填写保养记录

根据维护保养的实际情况，规范填写《建筑消防设施维护保养记录表》。

要点 072　保养细水雾灭火系统

职业功能	工作内容	技能要求	相关知识要求	分项考点	分数	总分
3 设施保养	3.2 自动灭火系统保养	3.2.7 能保养细水雾灭火系统组件	3.2.7 细水雾灭火系统的维护保养内容和方法	1. 做好防误动措施	0.2	0.2
				2. 外观检查		
				3. 清洁保养		
				4. 填写记录		

一、操作准备

1. 技术资料

产品使用说明书和维护保养手册等技术资料。

2. 常备工具

通用扳手、细水雾喷头专用扳手、旋具、刷子、钳子、绝缘胶带、高压冲洗设备（用于清洗阀门和喷头，压力≥0.5MPa）、温度计、万用表、兆欧表等。

3. 防护装备

安全防护装备，如防砸鞋、安全帽、绝缘手套等。

4. 实操设备

泵组式或瓶组式细水雾灭火演示系统。

5. 记录表格

《建筑消防设施维护保养记录表》。

二、操作步骤

1. 做好防误动措施

根据维护保养的需要，将控制系统和灭火设备设置在手动状态，做好防止误动作的措施。

2. 外观检查

（1）使用万用表、兆欧表检查系统的消防水泵、稳压泵等用电设备配电控制柜，观察其电压、电流监测是否正常；检查系统监控设备供电是否正常，系统中的电磁阀、模块等用电子元器件是否通电正常。

（2）直观检查高压泵组电机有无发热现象；检查稳压泵是否频繁启动；检查水泵控制柜（盘）控制面板及显示信号状态是否正常；检查泵组连接管道有无渗漏滴水现象；检查主出水阀是否处于打开状态；检查水泵启动控制和主备泵切换控制是否设置在"自动"位置。

（3）直观检查分区控制阀（组）等各种阀门的标志牌是否完好、清晰；检查分区控制阀上设置的对应于防护区或保护对象的永久性标志是否易于观察；检查阀体上水流指示永久性标志是否易于观察、与水流方向是否一致；检查分区控制阀组的各组件是否齐全、有无损伤、有无漏水等情况；检查各阀门是否处于常态位置。

（4）直观检查储气瓶、储水瓶和储水箱的外观是否有明显磕碰伤痕或损坏；检查储气瓶、储水瓶等的压力显示装置是否状态正常；检查储水箱的液位显示装置等是否正常工作；寒冷和严寒地区检查设置储水设备的房间温度是否低于5℃。

（5）直观检查释放指示灯、报警控制器等是否处于正常状态；检查喷头外观有无明显磕碰伤痕或者损坏，有无喷头漏水或者被拆除、遮挡等情况。

（6）直观检查系统手动启动装置和机械应急操作装置上的标志是否正确、清晰、完整，是否处于正确位置，是否与其所保护场所明确对应；检查设置系统的场所及系统手动操作位置处是否设有明显的系统操作说明。

（7）对闭式系统末端试水装置进行保养，其方法和要求参见湿式自动喷水灭火系统的末端试水装置。

（8）直观检查防护区的使用性质是否发生变化；检查防护区内是否有影响喷头正常使用的吊顶装修；检查防护区内可燃物的数量及布置形式是否有重大变化。

3. 清洁保养

（1）喷头上有异物时应及时清除。

（2）对阀门密封圈、泵前泵后及喷头的过滤器进行清洁保养。

（3）对开式分区控制阀后的管道进行吹扫。

（4）定期清洗水箱，并按照设计要求更换水。

4. 填写记录

根据实际情况，规范填写《建筑消防设施维护保养记录表》。

要点 073　保养干粉灭火系统

职业功能	工作内容	技能要求	相关知识要求	分项考点	分数	总分
3 设施保养	3.2 自动灭火系统保养	3.2.8 能保养干粉灭火系统组件	3.2.8 干粉灭火系统的维护保养内容和方法	1. 干粉储存容器保养	0.1	0.4
				2. 驱动气体储瓶保养		
				3. 集流管、驱动气体管道和减压阀保养	0.1	
				4. 阀驱动装置保养	0.1	
				5. 管道保养		
				6. 喷头保养	0.1	
				7. 选择阀保养		
				8. 填写记录		

一、操作准备

1. 技术资料

产品使用说明书、调试手册、图样等技术资料。

2. 常备工具

压力表检查扳手、旋具、钳子、万用表、绝缘胶带等。

3. 实操设备

干粉灭火演示系统。

4. 记录表格

《建筑消防设施维护保养记录表》。

二、操作步骤

1. 干粉储存容器保养

（1）检查干粉储存容器的位置与固定方式、油漆和标志等的安装质量是否符合设计要求。如果位置有偏差或者固定方式有问题，应及时用工具调整、紧固。油漆和标志若有缺损，应用油漆补上。检查干粉罐上的安全阀、进气阀、出口阀等动作是否灵活。

若发现干粉储罐上有明显的腐蚀点，应进行水压强度试验。试验完毕，经干燥后方能装粉。

（2）打开干粉储罐的装粉孔，检查干粉质量，若发现干粉灭火剂受潮、变质或结块，应更换新的同类干粉灭火剂。同时取样品送交检验单位进行性能检查，符合规定要求，方可继续使用。

2. 驱动气体储瓶保养

检查驱动气体储瓶的位置与固定方式是否正常；检查气瓶的压力数值是否在规定的压力范围内。

驱动气瓶组内压力检查步骤如下：

（1）检查压力表开关是否关闭。

（2）卸下压力表，泄放压力表密封腔内的压力。

（3）此时压力表应归零，否则应更换压力表。

（4）装上压力表，打开压力表开关，显示正确的压力。

（5）安装调试完毕，应旋紧压紧螺母，关闭压力表开关。

3. 集流管、驱动气体管道和减压阀保养

（1）查看框架牢固程度及防腐处理程度，如固定不牢，及时用工具调整、紧固，防腐处理不当则需及时补充防腐工序。

（2）检查集流管和减压阀的连接是否固定可靠；查看集流管和

驱动气体管道是否有移位、损坏、腐蚀现象。如固定不牢，及时用工具调整、紧固，有损坏则更换，防腐处理不当则需及时补充防腐工序。

（3）检查减压阀的压力显示装置位置是否便于人员观察。如有反向或者不便于人员观察情况应及时调整。

（4）检查安全防护装置的泄压方向是否朝向操作面。

4. 阀驱动装置保养

（1）检查气动阀驱动装置的启动气体储瓶上是否永久性标明对应防护区或保护对象的名称或编号。如标号缺失、标注不明，应及时、准确标注。

（2）检查拉索式机械阀驱动装置的防护钢管是否锈蚀、拉索转弯处的导向滑轮是否灵活好用、拉索末端拉手的保护盒是否正常。如发现拉索套管和保护盒固定不牢，及时用工具调整、紧固，有损坏则更换，防腐处理不当则需及时补充防腐工序。

5. 管道保养

检查干粉管路有无位移、损坏和腐蚀现象，如固定不牢，及时用工具调整、紧固，应及时修复腐蚀管路。检查油漆颜色是否正常，如油漆脱落则用红色油漆涂覆管道。若发现干粉输送管内有积水应放出，并将管内用干燥空气吹干。

6. 喷头保养

（1）检查喷嘴安装位置和方向是否正确、喷嘴的密封盖是否密封良好。

（2）如果系统附有干粉卷车，要检查卷筒转动是否灵活。操作干粉喷枪，检查开闭动作是否正常。

7. 启动气体储瓶和选择阀保养

（1）检查选择阀有无位移、松动，如有位移及固定不牢，及时用工具调整、紧固。

（2）检查选择阀处标明对应防护区或保护对象名称的标志。如标志缺失、标注不明，应及时、准确重新标注。

（3）检查选择阀安全销的铅封是否正常，如安全销和铅封缺失，应及时补充恢复。

8. 填写记录

根据实际情况，规范填写《建筑消防设施维护保养记录表》。

要点 074　保养柴油发电机组储油箱

职业功能	工作内容	技能要求	相关知识要求	分项考点	分数	总分
3 设施保养	3.3 其他消防设施保养	3.3.1 能保养柴油发电机组储油箱、充放电装置、通风排气管路等	3.3.1 柴油发电机组的维护保养内容和方法	1. 外部基础情况检查维护		
				2. 燃油供给检查维护	0.2	0.2
				3. 填写记录		

一、操作准备

1. 技术资料

柴油发电机组各设施、设备说明书和调试手册，图样等技术资料。

2. 常备工具

温度计、干净的软布及其他常规工具。

3. 作业许可

按照设备所属单位相关管理规定，申请柴油发电机组保养作业许可。

4. 安全警示

设备操作现场应设立明显的作业警示标志，避免火灾。

5. 实操设备

柴油发电机组演示模型。

二、操作步骤

1. 外部基础情况检查维护

（1）核对柴油发电机组储油箱各项要求，根据图样核对柴油发电机组储油箱的安装、配置。

（2）观察温度计温度指示，对比室内气温是否低于发电机组启动最低环境温度，如低于启动最低环境温度，应开启电加热器，对机器进行预热。

（3）检查油箱外观是否完好，如有变形或泄漏，应及时处理。

（4）清理油箱周边杂物及油箱和供油、回油管路附着物。

（5）清洁油箱液位计外部，确保液位计标位显示清晰。

（6）检查供油、回油管路是否完好，如有跑、冒、滴、漏，应立即维修。

2. 燃油供给检查维护

（1）检查油箱加油口的油箱盖，应盖好锁紧。

（2）检查油箱内燃油是否与当前环境所需燃油的标号一致。

（3）检查油箱油位，如油位低于规定值，应补充至正常位置。

（4）检查燃油供油阀，应常开。

（5）按照设备厂家技术资料的规定定期对燃油箱进行沉淀物或油箱清理。

3. 填写记录

根据实际作业情况，规范填写相关记录表单。

要点 075　保养柴油发电机组充放电装置

职业功能	工作内容	技能要求	相关知识要求	分项考点	分数	总分
3 设施保养	3.3 其他消防设施保养	3.3.1 能保养柴油发电机组储油箱、充放电装置、通风排气管路等	3.3.1 柴油发电机组的维护保养内容和方法	1. 外部基础情况检查维护	0.2	0.2
				2. 功能性检查维护		
				3. 填写记录		

一、操作准备

1. 技术资料

柴油发电机组各设施、设备说明书和调试手册，图样等技术资料。

2. 常备工具

数字万用表、钳形电流表、毛刷等。

3. 作业许可

按照设备所属单位相关管理规定，申请柴油发电机组保养作业许可。

4. 安全警示

设备操作现场应设立明显的作业警示标志，避免火灾。

5. 实操设备

柴油发电机组演示模型。

二、操作步骤

1. 外部基础情况检查维护

（1）检查设备外观是否完好、标志是否完好并清晰。

（2）检查散热口是否有异物或遮挡，如有应及时清理。

（3）检查内部的接线及配套附件是否完好，有无断路、脱落，如有脱落或松动，应及时维修。

（4）检查接地保护是否完好，如有脱落或松动，应及时维修。

2. 功能性检查维护

（1）在发电机组停机状态，先检查启动柴油机的蓄电池组是否达到启动电压，再检查充、放电装置的充电输出电压、电流是否与规定值相符。

（2）手动启动发电机组，检查启动柴油机的蓄电池组电压，同时检查充、放电装置的充电输出电压、电流是否与规定值相符。

3. 填写记录

根据实际作业情况，填写相关记录表单。

要点 076　保养柴油发电机组通风排气管路

职业功能	工作内容	技能要求	相关知识要求	分项考点	分数	总分
3 设施保养	3.3 其他消防设施保养	3.3.1 能保养柴油发电机组储油箱、充放电装置、通风排气管路等	3.3.1 柴油发电机组的维护保养内容和方法	1. 外部基础情况检查维护	0.2	0.2
				2. 功能性检查维护		
				3. 填写记录		

一、操作准备

1. 技术资料

柴油发电机组各设施、设备说明书和调试手册，图样等技术资料。

2. 常备工具

毛刷等。

3. 作业许可

按照设备所属单位相关管理规定，申请柴油发电机组保养作业许可。

4. 安全警示

设备操作现场应设立明显的作业警示标志，避免火灾。

5. 实操设备

柴油发电机组演示模型。

二、操作步骤

1. 外部基础情况检查维护

（1）检查设备及周围有无妨碍设备运转和通风的杂物，如有应及时清理。

（2）检查通风管路或通风口有无遮挡和杂物，如有应进行清理。

（3）检查散热器出风侧及出风口有无遮挡和杂物，如有应进行清理。

（4）检查排烟管道连接是否牢固、排烟管道室外的排烟口有无遮挡和杂物，如有应进行清理。

2. 功能性检查维护

（1）检查散热器水位，如水位低于规定值，应补充至正常位置。

（2）检查散热器循环水阀，应常开。

（3）手动启动发电机组，检查通风排烟管路状态，机组应稳定运行，通风、排烟管路无明显晃动和堵塞，如有状态不符，立即停机检修。

3. 填写记录

根据实际作业情况，填写相关记录表单。

要点 077　保养电气火灾监控设备

职业功能	工作内容	技能要求	相关知识要求	分项考点	分数	总分
3 设施保养	3.3 其他消防设施保养	3.3.2 能保养电气火灾监控设备、剩余电流式电气火灾监控探测器、测温式电气火灾监控探测器、故障电弧探测器等	3.3.2 电气火灾监控系统的维护保养内容和方法	1. 外观保养	0.2	0.2
				2. 清洁保养		
				3. 填写记录		

一、操作准备

1. 技术资料

电气火灾监控系统图、电气火灾监控探测器等系统部件现场布置图和地址编码表、电气火灾监控设备产品使用说明书和设计手册等技术资料。

2. 常备工具

旋具、吸尘器、软布等。

3. 实操设备

电气火灾监控演示系统。

4. 记录表格

《建筑消防设施维护保养记录表》《建筑消防设施故障维修记录表》。

二、操作步骤

1. 外观保养

在日常保养过程中，可以通过外观查看电气火灾监控设备的使用情况和运行状态。

（1）目测电气火灾监控设备表面是否存在明显的机械损伤、人机界面是否整洁，如有污损应记录并上报维修。

（2）目测电气火灾监控设备的显示及指示系统是否有按键破损、显示器花屏、指示灯无规则闪烁等明显故障。

2. 清洁保养

（1）使用软布将电气火灾监控设备外壳擦拭一遍，以清除污垢及灰尘。

（2）断电后，打开电气火灾监控设备外壳，使用风枪和小毛刷将设备内部进行除尘。

（3）断电后，检查内部接线线路是否出现露铜、接线不牢靠等现象。

3. 填写记录

根据检查结果，规范填写《建筑消防设施维护保养记录表》；如发现设备存在故障，还应规范填写《建筑消防设施故障维修记录表》。

要点 078　保养剩余电流式电气火灾监控探测器

职业功能	工作内容	技能要求	相关知识要求	分项考点	分数	总分
3 设施保养	3.3 其他消防设施保养	3.3.2 能保养电气火灾监控设备、剩余电流式电气火灾监控探测器、测温式电气火灾监控探测器、故障电弧探测器等	3.3.2 电气火灾监控系统的维护保养内容和方法	1. 运行环境保养	0.2	0.2
				2. 外观保养		
				3. 线路保养		
				4. 填写记录		

一、操作准备

1. 技术资料

电气火灾监控系统图、电气火灾监控探测器等系统部件现场布置图和地址编码表、电气火灾监控设备产品使用说明书和设计手册等技术资料。

2. 常备工具

旋具、吹尘器、软布等。

3. 实操设备

电气火灾监控演示系统。

4. 记录表格

《建筑消防设施维护保养记录表》《建筑消防设施故障维修记录表》。

二、操作步骤

1. 运行环境保养

（1）剩余电流式电气火灾监控探测器安装位置应干燥、清洁，远离热源及强电磁场。

（2）剩余电流式电气火灾监控探测器应固定安装，使其避免油、污物、灰尘、腐蚀性气体或其他有害物质的侵袭。

2. 外观保养

（1）目测探测器表面是否存在明显的机械损伤，如有应上报维修。

（2）目测探测器的显示及指示系统是否有显示器花屏、指示灯无规则闪烁等明显故障，如有应上报维修。

3. 线路保养

检查线路接头和端子处是否有松动、虚接或脱落现象；检查敷设管线是否有破碎，桥架是否有脱落、变形现象。

4. 填写记录

根据检查结果，规范填写《建筑消防设施维护保养记录表》；如发现探测器存在故障，还应规范填写《建筑消防设施故障维修记录表》。

要点 079　保养测温式电气火灾
监控探测器

职业功能	工作内容	技能要求	相关知识要求	分项考点	分数	总分
3 设施保养	3.3 其他消防设施保养	3.3.2 能保养电气火灾监控设备、剩余电流式电气火灾监控探测器、测温式电气火灾监控探测器、故障电弧探测器等	3.3.2 电气火灾监控系统的维护保养内容和方法	1. 运行环境保养	0.2	0.2
				2. 外观保养		
				3. 线路保养		
				4. 填写记录		

一、操作准备

1. 技术资料

电气火灾监控系统图、电气火灾监控探测器等系统部件现场布置图和地址编码表、电气火灾监控设备产品使用说明书和设计手册等技术资料。

2. 常备工具

旋具、吹尘器、软布等。

3. 实操设备

电气火灾监控演示系统。

4. 记录表格

《建筑消防设施维护保养记录表》《建筑消防设施故障维修记录表》。

二、操作步骤

1. 运行环境保养

（1）测温式电气火灾监控探测器安装位置应干燥、清洁，远离热源及强电磁场。

（2）测温式电气火灾监控探测器应固定安装，使其避免油、污物、灰尘、腐蚀性气体或其他有害物质的侵袭。

2. 外观保养

（1）目测探测器表面是否存在明显的机械损伤，如有应上报维修。

（2）目测探测器的显示及指示系统是否有显示器花屏、指示灯无规则闪烁等明显故障，如有应上报维修。

3. 线路保养

检查线路接头和端子处是否有松动、虚接或脱落现象；检查敷设管线是否有破碎，桥架是否有脱落、变形现象。

4. 填写记录

根据检查结果，规范填写《建筑消防设施维护保养记录表》；如发现探测器存在故障，还应规范填写《建筑消防设施故障维修记录表》。

要点 080　保养故障电弧探测器

职业功能	工作内容	技能要求	相关知识要求	分项考点	分数	总分
3 设施保养	3.3 其他消防设施保养	3.3.2 能保养电气火灾监控设备、剩余电流式电气火灾监控探测器、测温式电气火灾监控探测器、故障电弧探测器等	3.3.2 电气火灾监控系统的维护保养内容和方法	1. 运行环境保养	0.2	0.2
				2. 外观保养		
				3. 线路检查		
				4. 填写记录		

一、操作准备

1. 技术资料

电气火灾监控系统图、电气火灾监控探测器等系统部件现场布置图和地址编码表、电气火灾监控设备产品使用说明书和设计手册等技术资料。

2. 常备工具

旋具、吸尘器、软布等。

3. 实操设备

电气火灾监控演示系统。

4. 记录表格

《建筑消防设施维护保养记录表》《建筑消防设施故障维修记录表》。

二、操作步骤

1. 运行环境保养

（1）故障电弧探测器安装位置应干燥、清洁，远离热源及强电磁场。

（2）故障电弧探测器应固定安装，使其避免油、污物、灰尘、腐蚀性气体或其他有害物质的侵袭。

2. 外观保养

（1）目测故障电弧探测器表面是否存在明显的机械损伤，如有应上报维修。

（2）目测故障电弧探测器的显示及指示系统是否有显示器花屏、指示灯无规则闪烁等明显故障，如有应上报维修。

3. 线路检查

检查线路接头和端子处是否有松动、虚接或脱落现象；检查敷设管线是否有破碎，桥架是否有脱落、变形现象。

4. 填写记录

根据检查结果，规范填写《建筑消防设施维护保养记录表》；如发现探测器存在故障，还应规范填写《建筑消防设施故障维修记录表》。

要点 081　保养可燃气体报警控制器

职业功能	工作内容	技能要求	相关知识要求	分项考点	分数	总分
3 设施保养	3.3 其他消防设施保养	3.3.3 能保养可燃气体报警控制器、可燃气体探测器等	3.3.3 可燃气体探测报警系统的维护保养内容和方法	1. 检查可燃气体报警控制器运行环境	0.1	0.3
				2. 检查可燃气体报警控制器外观	0.2	
				3. 清洁可燃气体报警控制器表面		
				4. 检查及吹扫可燃气体报警控制器内部		
				5. 打印纸更换		
				6. 蓄电池保养		
				7. 填写记录		

一、操作准备

1. 技术资料

可燃气体探测报警系统图、可燃气体探测器等系统部件现场布置图和地址编码表、可燃气体报警控制器产品使用说明书和设计手册等技术资料。

2. 常备工具

旋具、吸尘器、软布等。

3. 实操设备

可燃气体探测器报警演示系统。

4. 记录表格

《建筑消防设施维护保养记录表》。

二、操作步骤

1. 检查可燃气体报警控制器运行环境

检查控制器安装部位，如发现可燃物及杂物，应及时清理；如发现有漏水、渗水现象，应上报维修。

2. 检查可燃气体报警控制器外观

（1）检查控制器安装质量

检查控制器是否安装牢固，对松动部位进行紧固。

（2）检查控制器机械损伤

检查控制器表面是否存在明显的机械损伤，如有应上报维修。

3. 清洁可燃气体报警控制器表面

（1）面板除尘

用吸尘器吸除控制器操作面板、控制开关、机箱的灰尘。

（2）机箱清洁

用微湿软布清洁控制器表面的灰尘、污物，清洁时避免造成控制器表面划伤，避免触及按键造成误动作。

4. 检查及吹扫可燃气体报警控制器内部

（1）接线口检查

检查控制器接线口的封堵是否完好，各接线的绝缘护套是否有明显的龟裂、破损。

（2）内部除尘

用吸尘器吸除控制器内部电路板、电池、接线端子的灰尘，吸除时避免触及电气元件，以免造成控制器损伤或人员触电危险。

（3）电路板及接线端子检查

检查控制器电路板和组件是否有松动、接线端子和线标是否紧固完好，对松动部位进行紧固。

5. 打印纸更换

打印纸更换方式与火灾报警控制器打印纸更换相似，具体可参考本系列教材中相关内容。

6. 蓄电池保养

蓄电池保养方式与火灾报警控制器蓄电池保养方法相似，具体可参考本系列教材中相关内容。

7. 填写记录

根据维护保养结果，规范填写《建筑消防设施维护保养记录表》。

要点 082　保养可燃气体探测器

职业功能	工作内容	技能要求	相关知识要求	分项考点	分数	总分
3 设施保养	3.3 其他消防设施保养	3.3.3 能保养可燃气体报警控制器、可燃气体探测器等	3.3.3 可燃气体探测报警系统的维护保养内容和方法	1. 检查运行环境	0.2	0.2
				2. 检查探测器外观		
				3. 清洁探测器表面		
				4. 填写记录		

一、操作准备

1. 技术资料

可燃气体探测报警系统图、可燃气体探测器等系统部件现场布置图和地址编码表、可燃气体报警控制器产品使用说明书和设计手册等技术资料。

2. 常备工具

旋具、吸尘器、软布等。

3. 实操设备

可燃气体探测器报警演示系统。

4. 记录表格

《建筑消防设施维护保养记录表》。

208

二、操作步骤

1. 检查运行环境

检查探测器安装部位，如发现线型可燃气体探测器的发射器与接收器之间有遮挡物，应及时清理；如发现有漏水、渗水现象，应上报维修。

2. 检查探测器外观

（1）检查探测器安装质量

① 检查探测器安装是否牢固，对松动部位进行紧固。

② 检查探测器线路接头和端子处是否有松动、虚接现象，如有应进行紧固。

（2）检查探测器机械损伤

检查探测器表面是否存在明显的机械损伤，如有应上报维修。

（3）检查探测器显示及指示系统

检查探测器的显示及指示系统是否有显示器花屏、指示灯无规则闪烁等明显故障，如有应上报维修。

3. 清洁探测器表面

用吸尘器吸除、用微湿软布清洁探测器表面的灰尘、污物，清洁时避免造成探测器表面划伤，避免触及按键造成误动作。

4. 填写记录

根据维护保养结果，规范填写《建筑消防设施维护保养记录表》。

要点 083　保养消防设备电源状态监控器

职业功能	工作内容	技能要求	相关知识要求	分项考点	分数	总分
3 设施保养	3.3 其他消防设施保养	3.3.4 能保养消防设备电源监控系统组件	3.3.4 消防设备电源监控系统的维护保养内容和方法	1. 运行环境检查	0.1	0.3
				2. 外观检查		
				3. 表面清洁		
				4. 监控器内部检查及吹扫	0.2	
				5. 打印纸更换		
				6. 蓄电池保养		
				7. 填写记录		

一、操作准备

1. 技术资料

消防设备电源状态监控系统图、系统部件现场布置图和地址编码表、消防设备电源状态监控器产品使用说明书和设计手册等技术资料。

2. 常备工具

吸尘器、毛刷、软布、万用表、电工工具等。

3. 实操设备

消防设备电源状态监控演示系统。

4. 记录表格

《建筑消防设施维护保养记录表》。

二、操作步骤

1. 运行环境检查

检查监控器安装部位，如发现可燃物及杂物，应及时清理；如发现有漏水、渗水现象，应上报维修。

2. 外观检查

（1）检查监控器安装质量

检查监控器是否安装牢固，对松动部位进行紧固。

（2）检查监控器机械损伤

检查监控器表面是否存在明显的机械损伤，如有应上报维修。

（3）检查监控器显示器

检查监控器显示及指示系统是否有显示器花屏、指示灯无规则闪烁等明显故障，如有应上报维修。

3. 表面清洁

（1）面板吸尘

用吸尘器吸除监控器操作面板、控制开关、机箱的灰尘。

（2）机箱清洁

用微湿软布清洁监控器表面的灰尘、污物，清洁时避免造成监控器表面划伤，避免触及按键造成误动作。

4. 监控器内部检查及吹扫

（1）接线口检查

检查监控器接线口的封堵是否完好，各接线的绝缘护套是否有明显的龟裂、破损。

（2）内部吸尘

用吸尘器吸除监控器内部电路板、电池、接线端子的灰尘，操作时避免触及电气元件，以免造成监控器损伤或人员触电危险。

（3）电路板及接线端子检查

检查监控器电路板和组件是否有松动、接线端子和线标是否紧固完好，对松动部位进行紧固。

5. 打印纸更换

打印纸更换方法参见本系列教材相关内容。

6. 蓄电池保养

蓄电池保养方法参见本系列教材相关内容。

7. 填写记录

根据保养结果，规范填写《建筑消防设施维护保养记录表》。

要点 084　保养电压、电流、电压/电流传感器

职业功能	工作内容	技能要求	相关知识要求	分项考点	分数	总分
3 设施保养	3.3 其他消防设施保养	3.3.4　能保养消防设备电源监控系统组件	3.3.4　消防设备电源监控系统的维护保养内容和方法	1. 运行环境检查		
				2. 外观检查	0.2	0.2
				3. 表面清洁		
				4. 填写记录		

一、操作准备

1. 技术资料

消防设备电源状态监控系统图、系统部件现场布置图和地址编码表、消防设备电源状态监控器产品使用说明书和设计手册等技术资料。

2. 常备工具

吸尘器、毛刷、软布、万用表、电工工具等。

3. 实操设备

消防设备电源状态监控演示系统。

4. 记录表格

《建筑消防设施维护保养记录表》。

二、操作步骤

1. 运行环境检查

检查传感器安装部位，如发现可燃物及杂物，应及时清理。

2. 外观检查

（1）检查传感器安装质量

① 检查传感器是否安装牢固，对松动部位进行紧固。

② 检查传感器线路接头和端子处是否有松动、虚接现象，如有应进行紧固。

（2）检查传感器机械损伤

检查传感器表面是否存在明显的机械损伤，如有应上报维修。

（3）检查传感器指示灯

观察传感器工作状态指示灯，指示灯应没有无规则闪烁等明显故障，如有应上报维修。

3. 表面清洁

用吸尘器吸除、用微湿软布清洁传感器表面的灰尘、污物，清洁时避免造成传感器表面划伤，避免触及按键造成误动作。

4. 填写记录

根据保养结果，规范填写《建筑消防设施维护保养记录表》。

要点 085　保养防火门监控器

职业功能	工作内容	技能要求	相关知识要求	分项考点	分数	总分
3 设施保养	3.3 其他消防设施保养	3.3.5 能保养防火门监控系统组件	3.3.5 防火门监控系统的维护保养内容和方法	1. 运行环境检查	0.1	0.3
				2. 外观检查		
				3. 表面清洁		
				4. 内部检查及吸尘	0.2	
				5. 打印纸更换		
				6. 蓄电池保养		
				7. 填写记录		

一、操作准备

1. 技术资料

防火门监控系统图、系统部件现场布置图和地址编码表，防火门监控器产品使用说明书和设计手册等技术资料。

2. 常备工具

吸尘器、毛刷、软布、万用表、电工工具等。

3. 实操设备

防火门监控演示系统。

4. 记录表格

《建筑消防设施维护保养记录表》。

二、操作步骤

1. 运行环境检查

检查监控器安装部位，如发现可燃物及杂物，应及时清理；如发现有漏水、渗水现象，应上报维修。

2. 外观检查

（1）检查监控器安装质量

检查监控器是否安装牢固，对松动部位进行紧固。

（2）检查监控器机械损伤

检查监控器表面是否存在明显的机械损伤，如有应上报维修。

（3）检查监控器显示器

检查监控器显示及指示系统是否有显示器花屏、指示灯无规则闪烁等明显故障，如有应上报维修。

3. 表面清洁

（1）面板吸尘

用吸尘器吸除监控器操作面板、控制开关、机箱的灰尘。

（2）机箱清洁

用微湿软布清洁监控器表面的灰尘、污物，清洁时避免造成监控器表面划伤，避免触及按键造成误动作。

4. 内部检查及吸尘

（1）接线口检查

检查监控器接线口的封堵是否完好，各接线的绝缘护套是否有明显的龟裂、破损。

（2）内部吸尘

用吸尘器吸除监控器内部电路板、电池、接线端子的灰尘，吸除时避免触及电气元件，以免造成监控器损伤或人员触电危险。

（3）电路板及接线端子检查

检查监控器电路板和组件是否有松动、接线端子和线标是否紧固完好，对松动部位进行紧固。

5. 打印纸更换

打印纸更换方法参见本系列教材相关内容。

6. 蓄电池保养

蓄电池保养方法参见本系列教材相关内容。

7. 填写记录

根据保养记录，规范填写《建筑消防设施维护保养记录表》。

要点 086 保养防火门门磁开关

职业功能	工作内容	技能要求	相关知识要求	分项考点	分数	总分
3 设施保养	3.3 其他消防设施保养	3.3.5 能保养防火门监控系统组件	3.3.5 防火门监控系统的维护保养内容和方法	1. 运行环境检查	0.2	0.2
				2. 外观检查		
				3. 表面清洁		
				4. 填写记录		

一、操作准备

1. 技术资料

防火门监控系统图、系统部件现场布置图和地址编码表，防火门监控器产品使用说明书和设计手册等技术资料。

2. 常备工具

吸尘器、毛刷、软布、万用表、电工工具等。

3. 实操设备

防火门监控演示系统。

4. 记录表格

《建筑消防设施维护保养记录表》。

二、操作步骤

1. 运行环境检查

检查防火门门磁开关的安装部位，如发现有漏水、渗水现象，应上报维修。

2. 外观检查

（1）检查防火门门磁开关安装质量

① 检查防火门门磁开关安装是否牢固，对松动部位进行紧固。

② 检查防火门门磁开关接头和端子处是否有松动、虚接现象，如有应进行紧固。

（2）检查防火门门磁开关机械损伤

检查防火门门磁开关表面是否存在明显的机械损伤，如有应上报维修。

（3）检查防火门门磁开关指示灯

检查防火门门磁开关指示灯是否闪烁，如不闪烁应上报维修。

3. 表面清洁

用吸尘器吸除、用微湿软布清洁防火门门磁开关表面的灰尘、污物，清洁时避免造成防火门门磁开关表面划伤，避免造成误动作。

4. 填写记录

根据保养记录，规范填写《建筑消防设施维护保养记录表》。

要点 087　保养防火门电动闭门器

职业功能	工作内容	技能要求	相关知识要求	分项考点	分数	总分
3 设施保养	3.3 其他消防设施保养	3.3.5　能保养防火门监控系统组件	3.3.5　防火门监控系统的维护保养内容和方法	1. 运行环境检查	0.2	0.2
				2. 外观检查		
				3. 表面清洁		
				4. 填写记录		

一、操作准备

1. 技术资料

防火门监控系统图、系统部件现场布置图和地址编码表，防火门监控器产品使用说明书和设计手册等技术资料。

2. 常备工具

吸尘器、毛刷、软布、万用表、电工工具等。

3. 实操设备

防火门监控演示系统。

4. 记录表格

《建筑消防设施维护保养记录表》。

二、操作步骤

1. 运行环境检查

检查防火门电动闭门器的安装部位，如发现有漏水、渗水现

象，<u>应上报维修。</u>

2. 外观检查

（1）检查防火门电动闭门器安装质量

① 检查防火门电动闭门器安装是否牢固，对松动部位进行紧固。

② 检查防火门电动闭门器接头和端子处是否有松动、虚接现象，如有应进行紧固。

（2）检查防火门电动闭门器机械损伤

检查防火门电动闭门器表面是否存在明显的机械损伤，如有应上报维修。

（3）检查防火门电动闭门器指示灯

检查防火门电动闭门器指示灯是否闪烁，如不闪烁应上报维修。

3. 表面清洁

用吸尘器吸除、用微湿软布清洁防火门电动闭门器表面的灰尘、污物，清洁时避免造成防火门电动闭门器表面划伤，避免造成误动作。

4. 填写记录

根据保养记录，规范填写《建筑消防设施维护保养记录表》。

要点 088　保养水幕自动喷水系统组件

职业功能	工作内容	技能要求	相关知识要求	分项考点	分数	总分
3 设施保养	3.3 其他消防设施保养	3.3.6 能保养水幕自动喷水系统组件	3.3.6 水幕自动喷水系统的维护保养内容和方法	1. 做好防误动措施	0.2	0.2
				2. 外观检查		
				3. 清洁保养		
				4. 填写记录		

一、操作准备

1. 技术资料

设备说明书、调试手册、图样等技术资料。

2. 常备工具

感烟探测器功能试验装置、清洁工器具等。

3. 实操设备

水幕自动喷水演示系统。

4. 记录表格

《建筑消防设施维护保养记录表》。

二、操作步骤

1. 做好防误动措施

根据维护保养的需要，将设备处于手动状态，做好防止误动作的措施。

2. 外观检查

（1）喷头

① 观察喷头与保护区域的环境是否匹配，判定保护区域的使用功能、危险性级别是否发生变更。

② 检查喷头外观有无明显磕碰伤痕或者损坏、有无喷头漏水或者被拆除等情况。

③ 检查保护区域内是否有影响喷头正常使用的吊顶装修，或者新增装饰物、隔断、高大家具以及其他障碍物；若有上述情况，采用目测、尺量等方法检查喷头保护面积、与障碍物间距等是否发生变化。

（2）报警阀组

参见本系列教材相关内容。

（3）消防供配电设施

参见本系列教材相关内容。

3. 清洁保养

（1）检查消防水泵（稳压泵），对泵体、管道存在局部锈蚀的，应进行除锈处理；对水泵、电动机的旋转轴承等部位，应及时清理污渍、除锈、更换润滑油。

（2）系统各个控制阀门铅封损坏，或者锁链未固定在规定状态的，及时更换铅封，调整锁链至规定的固定状态；发现阀门有漏水、锈蚀等情形的，更换阀门密封垫，修理或者更换阀门，对锈蚀部位进行除锈处理。

（3）查看消防水泵接合器的接口及其附件，发现闷盖、接口等部件有缺失的，及时采购安装；发现有渗漏的，检查相应部件密封垫的完好性，查找管道、管件因锈蚀、损伤等出现的渗漏。属于密封垫密封不严的，调整密封垫位置或者更换密封垫；属于管件锈蚀、损伤的，更换管件，进行防锈、除锈处理。

（4）检查喷头，清除喷头上的异物。

（5）检查雨淋报警阀组过滤器的使用性能，清洗过滤器并重新安装到位。

（6）检查主阀以及各个部件外观，及时清除污渍。

（7）检查主阀锈蚀情况，及时除锈，保证各部件连接处无渗漏现象，压力表读数准确，水力警铃动作灵活、声音洪亮，排水系统排水畅通。

4. 填写记录

根据维护保养的实际情况，规范填写《建筑消防设施维护保养记录表》。

要点 089　消防控制室应急操作预案

职业功能	工作内容	技能要求	相关知识要求	分项考点	分数	总分
6 技术管理和培训	6.1 管理消防控制室	6.1.1　能编制和组织实施消防控制室的应急操作预案	6.1.1　消防控制室应急操作预案的编制方法	1.　消防控制室应急操作预案的概念和特点	0.5	3
				2.　消防控制室应急操作预案的内容	0.5	
				3.　消防控制室应急操作预案的编制方法	0.5	
			6.1.1　消防控制室应急操作预案的组织实施方法	1.　消防控制室应急操作预案的评审论证	0.5	
				2.　消防控制室应急操作预案的演练	0.5	
				3.　消防控制室应急操作预案的贯彻实施	0.5	

【考评重点】

熟练掌握消防控制室应急操作预案的编制方法。

掌握消防控制室应急操作预案的组织实施方法。

【知识要求】

一、消防控制室应急操作预案的编制方法

1. 消防控制室应急操作预案的概念和特点

应急预案是指针对可能发生的事故，为迅速、有序地开展应急行动而预先制订的行动方案。消防控制室应急操作预案是指消防控制室在发生火灾以后，为迅速、有序地开展灭火救援行动，启动消防设施而预先制订的行动方案。消防控制室应急操作预案是一种现场处置方案，现场处置方案与其他预案相比，重点突出应急处置程序、应急处置要点、注意事项等内容。预案应根据火灾风险评估、岗位操作规程以及危险性控制措施，组织消防控制室消防设施操作员及其他现场作业人员进行编制，做到现场作业人员应知应会、熟练掌握，并经常进行演练。

2. 消防控制室应急操作预案的内容

消防控制室应急操作预案的主要内容包括火灾分析、工作职责、应急程序、注意事项四个部分。

（1）火灾分析

火灾分析主要包括消防控制室所在建筑物的特点、人员密集程度和消防设施种类三个方面。例如，高层建筑与单、多层建筑以及地下建筑在火灾事故发生以后，有不同的特点；使用功能不同的建筑物，发生火灾以后的疏散要求也有所不同；不同的消防设施，其联动触发信号、火灾确认的方式也有所差异。

（2）工作职责

工作职责主要是指根据工作岗位、组织形式及人员构成，明确岗位人员的应急工作分工和职责。作为消防控制室值班人员，应实行每日 24h 专人值班制度，每班不应少于 2 人，值班人员应持有消防设施操作员职业资格证书；消防设施日常维护管理应符合国家标准《建筑消防设施的维护管理》（GB 25201）的要求；应确保火灾自动报警系统、灭火系统和其他联动控制设备处于正常工作状态，不得将应处于自动状态的设在手动状态；应确保高位消防水箱、消防水池、气压水罐等消防储水设施水量充足，确保消防泵出水管阀门、自动喷水灭火系统管道上的阀门常开；确保消防水泵、防排烟风机、防火卷帘等消防用电设备的配电柜启动开关处于自动位置（通电状态）。除此以外，消防安全责任人、消防安全管理人的职责应符合消防法及有关法律法规的规定。

（3）应急程序

消防控制室值班人员接到报警信号后，应按下列程序进行处理：

① 接到火灾报警信息后，应以最快方式确认。

② 确认属于误报时，查找误报原因，并填写《建筑消防设施故障维修记录表》。

③ 确认火灾后，立即将火灾报警联动控制开关转入自动状态（处于自动状态的除外），同时拨打"119"火警电话报警，报警时应说明着火单位地点、起火部位、着火物种类、火势大小、报警人姓名和联系电话。

④ 立即启动单位内部灭火和应急疏散预案，同时报告单位消防安全责任人，单位消防安全责任人接到报告后应立即赶赴现场。

（4）注意事项

注意事项主要包括：

① 佩戴个人防护器具方面的注意事项。

② 使用抢险救援器材方面的注意事项。

③ 采取救援对策或措施方面的注意事项。

④ 现场自救和互救注意事项。

⑤ 现场应急处置能力确认和人员安全防护等事项。

⑥ 应急救援结束后的注意事项。

⑦ 其他需要特别警示的事项。

3. 消防控制室应急操作预案的编制方法

消防控制室应急操作预案的编制，主要分为以下几个步骤：

(1) 成立组织

结合本单位部门分工和职能，成立以单位消防安全责任人为组长、相关部门人员参加的应急预案编制工作组，明确编制任务、职责分工，制订工作计划，组织开展预案编制工作。

(2) 资料收集

相关资料包括法律法规、技术标准、消防设施竣工图样、各分系统控制逻辑关系说明、设备使用说明书、系统操作规程、值班制度、维护保养制度及值班记录等文件资料。

(3) 现状评估

现状评估主要是指分析可能发生的火灾事故及其危害程度和影响范围，同时从消防设施操作人员数量、微型消防站队员数量、消防设施设置情况、消防装备器材配置情况等方面对消防控制室的应急能力进行客观评估。

(4) 编制预案

依据风险评估结果组织编制应急预案。预案编制应注重预案的系统性和可操作性，做到与上级主管部门、地方政府及相关部门的预案相衔接。

消防控制室应急操作预案的格式应符合以下要求：

① 封面主要包括预案编号、预案版本号、单位名称、预案名称、编制单位名称、颁布日期等内容。

② 批准页载明单位主要负责人批准的签名。

③ 预案应设置目次，目次中所列的内容及次序如下：批准页；章的编号、标题；带有标题的条的编号、标题（需要时列出）；附件，用序号表明其顺序。预案推荐采用 A4 版面印刷，活页装订。

二、消防控制室应急操作预案的组织实施方法

1. 消防控制室应急操作预案的评审论证

预案编制完成后，应进行评审或论证。评审分为内部评审和外部评审。内部评审或论证由本单位主要负责人组织有关部门和人员进行。外部评审由本单位组织有关专家或技术人员进行。生产规模小、危险因素少的生产经营单位可以通过演练对应急预案进行论证。应急预案评审或论证合格后，按照有关规定进行备案，由消防安全责任人签发实施。

2. 消防控制室应急操作预案的演练

火灾事故往往具有突发性，为了能在最短时间内最大限度地减少人员伤亡和财产损失，就必须快速反应，利用一切资源协调一致行动，及时采取有效措施进行处置。消防演练是指按照预案进行实际的操作演练，增强单位有关人员的消防安全意识，熟悉消防设施、器材的位置和使用方法，同时也有利于及时发现问题，完善预案。演练的目的主要包括检验预案、锻炼队伍、磨合机制、宣传教育、完善准备等。

3. 消防控制室应急操作预案的贯彻实施

火灾事故发生以后，正确地贯彻落实消防控制室应急操作预案，有赖于消防设施操作员长期工作过程中对预案的理解和掌握。以将火灾报警联动控制开关转入自动状态为例，大量火灾事故都证明在火灾发生的初期，由于消防设施操作员心情紧张、对消防联动控制器操作不熟练而导致操作失败或者操作不及时，很大程度上影响了初期火灾的处置效果，影响了自动消防设施应具有的功能的发挥。这就要求消防设施操作员在持证上岗以后，要进一步熟练单位消防设施的操作方法，将消防控制室应急操作预案烂熟于心，以确保在火灾发生后能正确操作、及时处置。

要点 090 建立消防控制室台账和档案

职业功能	工作内容	技能要求	相关知识要求	分项考点	分数	总分
6 技术管理 和培训	6.1 管理消防 控制室	6.1.2 能建 立、更新消 防控制室台 账和档案	6.1.2 消防 控制室台账 的分类和整 理方法	1. 消防档案的 建立与管理	1	3
				2. 消防控制室 资料管理要求	0.5	
				3. 消防控制室 值班记录的 要求	0.5	
				4. 建筑消防设 施档案建立与 管理要求	1	

【考评重点】

熟悉并掌握消防控制室台账和档案的建立、更新工作。

【知识要点】

一、消防档案的建立与管理

建立消防档案是保障单位消防安全管理工作以及各项消防安全

措施落实的基础工作。通过档案对各项消防安全工作情况的记载，可以检查单位相关岗位人员履行消防安全职责的情况，强化单位消防安全管理工作的责任意识，有利于推动单位的消防安全管理工作朝着规范化、制度化的方向发展。

《中华人民共和国消防法》第十七条规定，建立消防档案是消防安全重点单位应当履行的消防安全职责之一。《机关、团体、企业、事业单位消防安全管理规定》第八章就消防档案做了明确规定。

1. 建立消防档案的范围

根据《机关、团体、企业、事业单位消防安全管理规定》的有关规定，消防安全重点单位应当建立健全消防档案；其他单位应当将本单位的基本概况、消防救援机构填发的各种法律文书及与消防工作有关的材料和记录等统一保管备查。

2. 消防档案的主要内容

消防档案应包括消防安全基本情况和消防安全管理情况，消防档案应当翔实、全面反映单位消防工作的基本情况，并附有必要的图表，根据情况变化及时更新。

（1）消防安全基本情况

① 单位基本概况和消防安全重点部位情况。

② 建筑物或者场所施工、使用或开业前的消防设计审核、消防验收及消防安全检查的文件、资料。

③ 消防管理组织机构和各级消防安全责任人。

④ 消防安全制度。

⑤ 消防设施、灭火器材情况。

⑥ 专职消防队、志愿消防队人员及其消防装备配备情况。

⑦ 与消防安全有关的重点工种人员情况。

⑧ 新增消防产品、防火材料的合格证明材料。

⑨ 灭火和应急疏散预案。

（2）消防安全管理情况

① 消防机构填发的各种法律文书。

② 消防设施定期检查记录、自动消防设施全面检查测试的报告以及维修保养的记录。

③ 火灾隐患及其整改情况记录。

④ 防火检查、巡查记录。

⑤ 有关燃气、电气设备检测（包括防雷、防静电）等记录资料。

⑥ 消防安全培训记录。

⑦ 灭火和应急疏散预案的演练记录。

⑧ 火灾情况记录。

⑨ 消防奖惩情况记录。

上述规定中的第②～⑤项记录应当注明检查的人员、时间、部位、内容、发现的火灾隐患及处理措施等；第⑥项记录应当注明培训的时间、参加人员、内容等；第⑦项记录应当注明演练的时间、地点、内容、参加部门及人员等。

二、消防控制室资料管理要求

消防控制室应保存下列纸质和电子档案资料：

（1）建（构）筑物竣工后的总平面布局图、建筑消防设施平面布置图、建筑消防设施系统图及安全出口布置图、重点部位位置图等。

（2）消防安全管理规章制度、应急灭火预案、应急疏散预案等。

（3）消防安全组织结构图，包括消防安全责任人、管理人、专职消防人员等内容。

（4）消防安全培训记录、灭火和应急疏散预案的演练记录。

（5）值班情况、消防安全检查情况及巡查情况的记录。

（6）消防设施一览表，包括消防设施的类型、数量、状态等内容。

（7）消防系统控制逻辑关系说明、设备使用说明书、系统操作规程、系统和设备维护保养制度等。

（8）设备运行状况、接报警记录、火灾处理情况、设备检修检测报告等资料。这些资料应定期保存和归档。

三、消防控制室值班记录的要求

1. 消防值班记录主要内容

（1）《消防控制室值班记录表》——用于消防设施操作员日常值班时记录火灾报警控制器日运行情况及火灾报警控制器日检查情况。

（2）《建筑消防设施巡查记录表》——用于消防系统维护人员日常记录消防设施工作状态、外观等的巡查情况。

（3）《建筑消防设施月度检查记录表》——用于消防设施操作员每月记录消防设施各项功能的实测结果。

（4）《建筑消防设施故障处理记录表》——用于消防设施操作员在消防控制室值班，建筑消防设施巡查或建筑消防设施月度检查过程中记录发现的不能当场处理的问题。

2. 记录的填写方法

《消防控制室值班记录表》《建筑消防设施巡查记录表》《建筑消防设施月度检查记录表》及《建筑消防设施故障处理记录表》是值班工作的文字反映，可以真实详细地反映各系统的工作情况。

值班人员应按各种记录规定的栏目的要求填写，不得从简。填写记录应字迹清楚、端正，不得乱画乱涂，错别字可以擦去或用"/"符号。记录的签名不得只签姓，必须签全名。

四、建筑消防设施档案建立与管理要求

1. 档案内容

建筑消防设施档案至少包含下列内容：

（1）消防设施基本情况

主要包括消防设施的验收意见，产品、系统使用说明书，系统调试记录，消防设施平面布置图，系统图等原始技术资料。

（2）消防设施动态管理情况

主要包括消防设施的值班记录、巡查记录、检测记录、故障维

修记录以及维护保养计划表、维护保养记录、消防控制室值班人员基本情况档案及培训记录等。

2. 保存期限

消防设施施工安装、竣工验收及验收技术检测等原始技术资料应长期保存,《消防控制室值班记录表》和《建筑消防设施巡查记录表》的存档时间应不少于 1 年,《建筑消防设施检测记录表》《建筑消防设施故障维修记录表》《建筑消防设施维护保养计划表》《建筑消防设施维护保养记录表》的存档时间应不少于 5 年。

要点 091　上传消防安全管理信息

职业功能	工作内容	技能要求	相关知识要求	分项考点	分数	总分
6 技术管理和培训	6.1 管理消防控制室	6.1.3 能使用消防控制室图形显示装置上传消防安全管理信息	6.1.3 消防控制室图形显示装置上传消防安全管理信息的操作方法	1. 安装程序并注册	0.5	3
				2. 上传信息	1	
				3. 上传文件	1	
				4. 填写记录	0.5	

【考评重点】

掌握利用消防控制室图形显示装置上传消防安全管理信息。消防安全管理信息主要包括单位基本情况、消防设施信息、安全检查情况、火灾信息等。通过对消防安全管理信息的监视与管理,可加强消防部门对单位的监督及管理,同时也可提高企事业单位消防安全管理水平及火灾预防能力,所以消防安全管理信息具有十分重要的意义。

【技能操作】

使用消防控制室图形显示装置上传消防安全管理信息。

一、操作准备

1. 技术资料

火灾探测报警系统图、火灾探测器平面布置图地址编码表、单位消防安全管理信息电子档案、消防控制室图形显示装置使用说明书和安装手册等技术资料。

2. 实操准备

集中型火灾自动报警演示系统。

3. 记录表格

《消防控制室值班记录表》。

二、操作步骤

1. 安装程序并注册

通信服务器程序和火灾报警监控图形显示程序默认为开机后自动运行。

2. 上传信息

以城市火灾监控平台为例，上传单位基本情况、建筑信息、消防设施情况等其他消防安全管理信息。

3. 上传文件

包括消防控制室管理机构文件、系统竣工图样文件、设备使用说明文件、系统操作规程文件、值班制度文件、设备维护保养制度文件等。

4. 填写记录

填写《消防控制室值班记录表》。

要点 092　消防理论知识培训的内容和方法

职业功能	工作内容	技能要求	相关知识要求	分项考点	分数	总分
6 技术管理和培训	6.2 开展消防培训	6.2.1 能对四级/中级工及以下级别人员进行理论知识培训	6.2.1 本职业四级/中级工及以下级别人员理论知识培训的内容和方法	1. 讲授法	1.5	3
				2. 谈话法	1.5	

【考评重点】

掌握《消防设施操作员国家职业技能标准》关于消防设施操作员"基本知识"的具体内容。

掌握《消防设施操作员国家职业技能标准》对五级/初级工、四级/中级工消防设施操作员"相关知识要求"的具体内容。

熟练掌握五级/初级工、四级/中级工消防设施操作员理论知识培训的方法。

【知识要求】

一、《消防设施操作员国家职业技能标准》对职业道德和基础知识的要求

《消防设施操作员国家职业技能标准》对消防设施操作员"基

础知识"的要求分为两大方面：一是职业道德，二是基础知识。其中基础知识又分为消防工作概述、燃烧和火灾基本知识、建筑防火基本知识、电气消防基本知识、消防设施基本知识、初起火灾处置知识、计算机基础知识、相关法律法规知识8个部分。

职业道德是指从业人员在职业活动中应遵循的基本观念、意识、品质和行为的要求，即一般社会道德以及工匠精神和敬业精神在职业活动中的具体体现。它主要包括职业道德基本知识和职业守则两部分。《消防设施操作员国家职业技能标准》规定消防设施操作员职业守则的内容是：以人为本，生命至上；忠于职守，严守规程；钻研业务，精益求精；临危不乱，科学处置。

基础知识是指从业人员在职业活动中应掌握的通用基本理论知识、安全知识、环境保护知识、有关法律法规知识等。基础知识是所有级别消防设施操作员均需熟练掌握的内容，也是三级/高级工消防设施操作员对五级/初级工、四级/中级工消防设施操作员进行培训的重点。

二、《消防设施操作员国家职业技能标准》五级/初级工、四级/中级工消防设施操作员"相关知识要求"的具体内容

在《消防设施操作员国家职业技能标准》中，相关知识要求是指达到每项技能要求必备的知识。相关知识要求应与技能要求相对应，是具体的知识点，而不是宽泛的知识领域。例如，《消防设施操作员国家职业技能标准》要求四级/中级工消防设施操作员能判断火灾自动报警系统的工作状态，与之相关知识要求为"火灾自动报警系统工作状态的判断方法"。掌握相关知识要求是实现技能的前提和保证，也是三级/高级工消防设施操作员理论培训的重点环节。三级/高级工消防设施操作员应对五级/初级工、四级/中级工消防设施操作员"相关知识"要求部分的具体内容熟练掌握，具体内容可参照《消防设施操作员国家职业技能标准》。

三、五级/初级工、四级/中级工消防设施操作员理论培训的方法

1. 备课

教员进行教学工作的基本程序是备课、上课、作业设计、学习辅导、教学评价。教学工作以上课为中心环节，备课是教员教学工作的起始环节，是上好课的先决条件。

（1）钻研教材

钻研教材包括研读《消防设施操作员国家职业技能标准》（以下简称《标准》）和阅读参考资料。《标准》是教材编写、培训教学、鉴定考试的依据，其中明确规定了各等级消防设施操作员的相关知识和技能要求。教员要使自己的教学有方向、有目标、有效果，就必须熟读《标准》、研究《标准》。

教材是教员备课和上课的主要依据，教员备课，必须先通读教材，了解全书知识的基本结构体系，分清重点章节和各章节知识内容的重点、难点及其关系；再深入具体的每一节课，准确地把握每一节课的教学目标和教学内容，设计和安排教学活动和教学过程。

教员在备课时，要阅读相关参考资料。教员要善于将自己阅读时的所思、所想增补到教学日志中，以丰富自己的教学资源。教员要由"教教材"转为"用教材教"，把教材当成一种手段，通过这种手段去实现教学目标。因为教材只是把知识结构呈现在我们面前，给我们确定了一部分教学任务，但教员理解、整合教学内容应该是有变化的。总之，钻研教材时既要尊重教材，又不能局限于教材；既要灵活运用教材，又要根据培训机构、学员实际情况对教材进行创造性的应用，切实发挥教材的作用。

（2）了解学员

教员只有认真地了解学员，才能有效地将教学内容和学员的实际联系起来，才能真正做到因材施教。了解学员包括了解学员的知识基础、认知特点、能力基础以及工作经验等。

2. 制订教学计划

精心安排课程，是成为一个优秀教员必备的技能之一。安排课

程表，需要教员通读教材，了解教材各项目和单元所占的比重；需要教员熟悉业务，了解实操在整个教学过程中的比重和不同项目的难易度。相对较难的项目，所占的授课时间相应较长；相对容易或者简单的项目，所占的授课和练习时间相应较短。这些都需要教员在课程表中精心安排、合理调配。有些学校同时授课的班级较多，还存在合理安排实操教室的问题。这些都需要事先安排，这些安排最终都以课程表的形式表现出来。

3. 五级/初级工、四级/中级工消防设施操作员理论培训的方法

（1）讲授法

讲授法是指教员通过口头语言直接向学员系统连贯地传授知识的方法。从教员教的角度来说，讲授法是一种传授型的教学手段；从学员学的角度来说，讲授法是一种接受型的学习方式。讲授法包括讲述、讲解等方式。讲述，多为教员向学员叙述事实材料，或描绘所讲对象，例如，讲解湿式报警阀的组成。讲解，是教员对概念、定律、公式、原理等进行说明、解释、分析或论证，例如分析燃烧的链式反应。

科学应用讲授法的基本要求是：第一，讲授的内容要具有科学性和思想性。无论是描绘情境、叙述事实，还是阐释概念、论证原理，都应当准确无误、翔实可靠。第二，讲授的过程要具有渐进性和扼要性。要根据教材各部分间的内在联系，由浅入深、从简至繁，循序渐进。要突出重点、抓住难点、解决疑点，或使描绘的境界突出，或将蕴含的情理挑破，或把深邃的见解点明，使之意味隽永、情趣横生。第三，讲授的方式要多样、灵活。教员要把讲授法与其他方法诸如谈话、演示等交互运用，还要与复述、提问、讨论等方式穿插进行，以求综合效应，防止拘泥于一格。第四，讲授的语言要精练准确。总的要求是：叙事说理，言之有据，把握科学性；吐字清晰，措辞精当，力求准确；描人状物，逼真细腻，生动形象；节奏跌宕，声情并茂，富有感染力；巧譬善喻，旁征博引，加强趣味性；解惑释疑，弦外有音，富有启发性。第五，运用讲授法教学，要配合恰当的板书或课件。板书要字迹工整、层次分明、详略得当、布局合理。第六，运用讲授法教学时，要教会学员在书上做记号、画重点、提问题、谈见解、写眉批、写旁批、写尾批等。

讲授法是传统模式的培训方法，是培训中应用最为普遍的一种方法。在消防培训过程中，要注意抓住讲解的重点，讲究表达的艺术和技巧。要善于启发和引导，保留适当的时间进行教员与学员之间的沟通，用问答等形式获取学员对讲授内容的反馈。要尽可能地将理论与实际相结合，避免枯燥乏味的说教，在培训时尽可能先引入一些技能操作部分的实例，引起学员的感性认识，再用理论对技能部分进行解释说明，增强培训效果。还可借助投影仪等辅助设备，突出重点，便于学员学习和记笔记。

讲授法的优点是能同时实施于多名学员，成本较低，易于掌握和控制培训进度；缺点是学员处于被动接受和有限思考的地位，参与性不高，如果没有及时的技能操作作补充，很容易脱节。

（2）谈话法

谈话法也称问答法或者讨论法，是教员根据学员已有的知识和经验，通过师生间的问答使学员获取知识的方法。谈话前，教员要在明确教学目的、把握教材重点、摸透学员情况的基础上做好充分准备，认真拟订谈话的提纲，精心设计谈话的问题，审慎选择谈话的方式。谈话时，教员提出的每一个问题都应紧扣教材、难易适当，既要面向全体，又要因人而异。谈话后，教员要及时小结，对学员零乱的知识进行梳理，错误的地方予以纠正、含混的答案予以澄清。

讨论可以安排在讲授开始时，也可以安排在讲授过程中，或课堂内容结束之后。在讲授过程中，可能会出现自发性的讨论，这种情况往往在互动过程中，学员会有不同的回答、提出不同的想法，授课人要善于把握授课与讨论的时间，并适时地进行总结，如果当时能确定一个结论，那么这个结论一般来讲比较容易被接受。讨论可以是正式的，也可以是非正式的。在课后或其他时间的讨论，例如参加会议培训时的讨论，都可以作为培训的实施方式之一。通过这种双向的多项交流，可以交流经验，也可以自我启发，通过讨论可以形成团队精神和良好的人际关系，对团队精神和工作态度的培养大有益处，也可以使讨论的团队或小组对某一问题共同提高认识。

在正式授课之后，一般都要安排答疑。授课人要针对学员可能提出的问题事先做好充分的准备，并善于在答疑中发现问题，及时总结，做好信息反馈，提高培训整体的效果。

要点 093　消防操作技能培训的内容和方法

职业功能	工作内容	技能要求	相关知识要求	分项考点	分数	总分
6 技术管理和培训	6.2 开展消防培训	6.2.2　能对四级/中级工及以下级别人员进行操作技能培训	6.2.2　本职业四级/中级工及以下级别人员操作技能培训的内容和方法	1. 实物直观	1	3
				2. 模象直观	1	
				3. 言语直观	1	

【考评重点】

掌握《消防设施操作员国家职业技能标准》对五级/初级工、四级/中级工消防设施操作员"技能要求"的具体内容。

熟练掌握五级/初级工、四级/中级工消防设施操作员操作技能培训的方法。

【知识要求】

一、《消防设施操作员国家职业技能标准》"技能要求"的内容

在职业技能标准中，技能要求是完成每项工作内容应达到的结

果或应具备的能力，是工作内容的细分。

《消防设施操作员国家职业技能标准》对消防设施操作员的"技能要求"按照级别不同而有所不同，对五级/初级工、四级/中级工、三级/高级工消防设施操作员"技能要求"的内容可参见《消防设施操作员国家职业技能标准》。职业标准中标注"★"的为涉及安全生产或操作的关键技能，如考生在技能考核中违反操作规程或未达到该技能要求，则技能考核成绩为不合格。需要注意的是，不同等级的消防设施操作员的关键技能要求并不相同，五级/初级工消防设施操作员设有 10 项关键技能，四级/中级工消防设施操作员设有 25 项关键技能。

二、五级/初级工、四级/中级工消防设施操作员操作技能培训的方法

五级/初级工、四级/中级工消防设施操作员操作技能培训主要采用直观法。直观性教学方法是教员通过实物或教具进行演示，组织学员进行教学性参观等，使学员利用各种感官直接感知客观事物或现象而获得知识、形成技能的教学方法，也称直接传授法。在消防培训实践中，通过对实物的功能讲解和实际操作的演示讲解，学员能固化理论知识；通过实际动手操作，学习消防设施设备的操作、检测和维护保养。这种方法以直接感知为主要形式，其特点是生动形象、具体真实，学员视听结合，记忆深刻。在五级/初级工、四级/中级工消防设施操作员培训中，知识直观的最终形式是实物直观＋模象直观＋言语直观。具体来说，主要有以下几种方法：

1. 实物直观

实物直观即通过直接感知要学习的实际事物而进行学习的一种直观方式。例如，观察各种实物、演示各种实验、进行实地参观访问等都属于实物直观。由于实物直观是在接触实际事物时进行的，所得到的感性知识与实际事物间的联系比较密切，因此它在实际生活中能很快地发挥作用。同时，实物直观给人以真实感、亲切感，因此有利于激发学员的学习兴趣，调动学习的积极性。但是，实物

有时难以突出事物的本质要素，而学习者必须"透过现象看本质"，这就具有一定的难度。同时，由于时间、空间和感官选择性的限制，学员难以通过实物直观获得许多事物清晰的感性知识。由于实物直观有这些缺点，因此它不是唯一的直观方式，还必须有其他种类的直观方式。

2. 模象直观

模象即事物模拟性形象。模象直观即通过对事物的模象直接感知而进行学习的一种直观方式。例如，对各种图片、图表、模型、幻灯片、教学电影电视等的观察和演示，均属于模象直观。由于模象直观的对象可以人为制作，因而模象直观在很大程度上可以克服实物直观的局限，扩大直观的范围，增强直观的效果。首先，它可以人为地排除一些无关因素，突出本质要素。其次，它可以根据观察需要，通过大小变化、动静结合、虚实互换、色彩对比等方式扩大直观范围。但是，由于模象只是事物的模拟形象，而非实际事物本身，因此模象与实际事物之间有一定的差距。为了使通过模象直观获得的知识在学员的生活实践中发挥更好的定向作用，一方面应注意将模象与学员熟悉的事物相比较；另一方面，在可能的情况下，应将模象直观与实物直观结合进行。

3. 言语直观

言语直观是在形象化的语言作用下，通过对语言的物质形式（语音、字形）的感知及对语义的理解而进行学习的一种直观形式。言语直观的优点是不受时间、地点和设备条件的限制，可以广泛使用；能运用语调和生动形象的事例去激发学员的情感，唤起学员的想象。但是，言语直观所引起的感知，往往不如实物直观和模象直观鲜明、完整、稳定。因此在可能的情况下，应尽量与实物和模象配合使用。

第二篇

基础知识

要点 001　火灾的定义及分类

根据《消防词汇　第 1 部分：通用术语》（GB/T 5907.1—2014），火灾是指在时间或空间上失去控制的燃烧。

根据需要，火灾可以按不同的方式进行分类。

《火灾分类》（GB/T 4968—2008）中按照燃烧对象的性质，火灾分为 A、B、C、D、E、F 六类。

A 类火灾：固体物质火灾。这种物质通常具有有机物性质，一般在燃烧时能产生灼热的余烬。如木材、棉、毛、麻、纸张火灾等。

B 类火灾：液体或可熔化固体物质火灾。如汽油、煤油、原油、甲醇、乙醇、沥青、石蜡火灾等。

C 类火灾：气体火灾。如煤气、天然气、甲烷、乙烷、氢气、乙炔火灾等。

D 类火灾：金属火灾。如钾、钠、镁、钛、锆、锂火灾等。

E 类火灾：带电火灾。物体带电燃烧的火灾。如变压器等设备的电气火灾等。

F 类火灾：烹饪器具内的烹饪物（如动植物油脂）火灾。

要点 002　燃烧的本质与条件

　　所谓燃烧，是指可燃物与氧化剂作用发生的放热反应，通常伴有火焰、发光和（或）发烟现象。燃烧过程中，燃烧区的温度较高，使其中白炽的固体粒子和某些不稳定（或受激发）的中间物质分子内电子发生能级跃迁，从而发出各种波长的光；发光的气相燃烧区就是火焰，它是燃烧过程中最明显的标志；由于燃烧不完全等原因，会使产物中混有一些小颗粒，这样就形成了烟。

　　燃烧的发生和发展，必须具备三个必要条件，即可燃物、氧化剂和温度（引火源）。当燃烧发生时，上述三个条件必须同时具备，如果有一个条件不具备，那么燃烧就不会发生或者停止发生。

　　燃烧可分为有焰燃烧和无焰燃烧。通常看到的明火都是有焰燃烧；有些固体发生表面燃烧时，有发光发热的现象，但是没有火焰产生，这种燃烧方式则是无焰燃烧，例如木炭的燃烧。经进一步研究表明，有焰燃烧的发生和发展除了具备上述三个条件以外，因其燃烧过程中还存在未受抑制的自由基（一种高度活泼的化学基团，能与其他自由基和分子起反应，从而使燃烧按链式反应的形式扩展，也称游离基）作中间体，因此，有焰燃烧发生和发展需要四个必要条件，即可燃物、氧化剂、温度和链式反应。

要点 003　闪燃与自燃

闪燃是指易燃或可燃液体（包括可熔化的少量固体，如石蜡、樟脑、萘等）挥发出来的蒸气分子与空气混合后，达到一定的浓度时，遇火源产生一闪即灭的现象。发生闪燃的原因是：易燃或可燃液体在闪燃温度下蒸发的速度比较慢，蒸发出来的蒸气仅能维持一刹那的燃烧，来不及补充新的蒸气维持稳定的燃烧，因而一闪就灭了。但闪燃却是引起火灾事故的先兆之一。闪点即是指易燃或可燃液体表面产生闪燃的最低温度。

可燃物质在没有外部火花、火焰等火源的作用下，因受热或自身发热并蓄热所产生的自然燃烧，称为自燃。即物质在无外界引火源条件下，由于其本身内部所发生的、物理或化学变化而产生热量并积蓄，使温度不断上升，自然燃烧起来的现象。

部分植物或其产物，如干草、谷草、麦秸、稻草、三叶草、树叶、麦芽、锯末、甘蔗渣、苞米芯、原棉、苎麻等；部分浸油物品，如浸有油脂的棉花、棉纱、棉布、纸、麻、毛、丝绸和金属粉末等，都是常见的自燃物质。

根据热的来源不同，可将自燃分为受热自燃和本身自燃两种。受热自燃是指没有外界明火的直接作用，而是受外界热源影响引起的自燃。引起受热自燃的主要原因有接触灼热物体、直接用火加热、摩擦生热、化学反应、绝热压缩、热辐射作用。本身自燃是指没有外界热源作用，靠物质内部发生物理、化学等作用产生热量引起的自燃。引起本身自燃的原因有氧化生热、分解生热、聚合生热、吸附生热、发酵生热。黄磷暴露于空气中自燃是最典型的本身自燃现象。自燃点是指可燃物发生自燃的最低温度。

要点 004　化学爆炸及爆炸极限

化学爆炸是指由于物质急剧氧化或分解产生温度、压力增加或两者同时增加而形成的爆炸现象。化学爆炸前后，物质的化学成分和性质均发生了根本的变化。这种爆炸速度快，爆炸时产生大量热能和很大的气体压力，并发出巨大的声响。化学爆炸能直接造成火灾，具有很大的火灾危险性。各种炸药的爆炸和气体、液体蒸气及粉尘与空气混合后形成的爆炸都属于化学爆炸，特别是后一种爆炸几乎存在于工业、交通、生活等各个领域，危害性很大，应特别注意。

一、炸药爆炸

炸药是为了完成可控制爆炸而特别设计制造的物质，其分子中含有不稳定的基团，绝大多数炸药本身含有氧，不需要外界提供氧就能爆炸，但炸药爆炸需要外界点火源引起。其爆炸一旦失去控制，将会造成巨大灾难。

1. 炸药爆炸的特点

炸药爆炸与属于分散体系的气体或粉尘爆炸不同，它属于凝聚体系爆炸。化学反应速度极快，可在万分之一秒甚至更短的时间内完成爆炸，能放出大量的热。爆炸时的反应热达到数千到上万千焦，温度可达数千摄氏度并产生高压，能在瞬间由固体迅速转变为大量的气体产物，使体积成百倍的增加。

2. 炸药爆炸的破坏作用

炸药在空气中爆炸时，对周围介质的破坏作用主要有三个方面：一是爆炸产物的直接作用，指高温、高压、高能量密度产物的直接膨胀冲击作用，一般爆炸产物只在爆炸中心的近距离内起作用；二是冲击波的作用，空气冲击波是一种具有巨大能量的超音速压力波，是爆炸时起主要破坏作用的物质，离爆炸中心越近，破坏作用越强；三是外壳破片的分散杀伤作用。

二、物质以气体、蒸气状态所发生的爆炸

气体爆炸由于受体积、能量密度的制约，造成大多数气态物质在爆炸时产生的爆炸压力分散在可燃气体爆炸 5～10 倍于爆炸前的压力范围内，爆炸威力相对较小。按爆炸原理，气体爆炸包括混合气体爆炸、气体单分解爆炸两种。

1. 混合气体爆炸

指可燃气（或液体蒸气）和助燃性气体的混合物在点火源作用下发生的爆炸，较为常见。可燃气与空气组成的混合气体遇火源能否发生爆炸，与混合气体中的可燃气浓度有关。可燃气与空气组成的混合气体遇火源能发生爆炸的浓度范围称为爆炸极限。

2. 气体单分解爆炸

指单一气体在一定压力作用下发生分解反应并产生大量反应热，使气态物膨胀而引起的爆炸。气体单分解爆炸的发生需要满足一定的压力和分解热的要求。能使单一气体发生爆炸的最低压力值称为临界压力。单分解爆炸气体物质压力高于临界压力且分解热足够大时，才能维持热与火焰的迅速传播而造成爆炸。

三、粉尘爆炸

粉尘是指分散的固体物质。粉尘爆炸是指悬浮于空气中的可燃粉尘触及明火或电火花等火源时发生的爆炸现象。可燃粉尘爆炸应具备三个条件，即粉尘本身具有爆炸性、粉尘必须悬浮在空气中并与空气混合到爆炸浓度、有足以引起粉尘爆炸的火源。

1. 粉尘爆炸的过程

粉尘的爆炸由以下三步发展形成：第一步是悬浮的粉尘在热源作用下迅速地干馏或气化而产生出可燃气体；第二步是可燃气体与空气混合而燃烧；第三步是粉尘燃烧放出的热量，以热传导和火焰辐射的方式传给附近悬浮的或被吹扬起来的粉尘，这些粉尘受热气化后使燃烧循环地进行下去。随着每个循环的逐次进行，其反应速度逐渐加快，通过剧烈地燃烧，最后形成爆炸。这种爆炸反应以及爆炸火焰速度、爆炸波速度、爆炸压力等将持续加快和升高，并呈跳跃式的发展。

2. 粉尘爆炸的特点

与可燃气体爆炸相比，粉尘爆炸压力上升较缓慢，较高压力持续时间长，释放的能量大，破坏力强。粉尘爆炸所需的最小点火能量较高，一般在几十毫焦耳以上，而且热表面点燃较为困难。连续性爆炸是粉尘爆炸的最大特点，因初始爆炸将沉积粉尘扬起，在新的空间中形成更多的爆炸性混合物而再次爆炸。

3. 粉尘浓度

粉尘爆炸与可燃气体、蒸气一样，也有一定的浓度极限，即存在粉尘爆炸的上、下限，单位用颗粒的尺寸表示。颗粒越细小其表面积越大，氧吸附越多，在空中悬浮时间越长，爆炸危险性越大。

4. 影响粉尘爆炸的因素

各类可燃性粉尘因其燃烧热的高低、氧化速度的快慢、带电的难易、含挥发物的多少而具有不同的燃烧爆炸特性。但从总体看，粉尘爆炸受下列条件制约：

(1) 粉尘的爆炸上限值。例如糖粉的爆炸上限为 $13500 g/m^3$ 可燃气体含量。有粉尘的环境中存在可燃气体时，会大大增加粉尘爆炸的危险性。

(2) 含氧量。随着含氧量的增加，爆炸浓度极限范围扩大。

(3) 空气的含水量。空气中含水量越高，粉尘的最小引爆能量越高。

要点 005　可燃物的燃烧特点

一、气体燃烧

气体燃烧的形式分为以下两种：

1. 扩散燃烧

扩散燃烧是指可燃性气体和蒸气分子与气体氧化剂互相扩散，边混合边燃烧。在扩散燃烧中，化学反应速度要比气体混合扩散速度快得多。整个燃烧速度的快慢由物理混合速度决定。气体（蒸气）扩散多少，就烧掉多少。人们在生产、生活中的用火（如燃气做饭、点气照明、烧气焊等）均属这种形式的燃烧。

2. 预混燃烧（爆炸式燃烧）

预混燃烧是指可燃气体、蒸气或粉尘预先同空气（或氧）混合，遇火源产生带有冲击力的燃烧。预混燃烧一般发生在封闭体系中或在混合气体向周围扩散的速度远小于燃烧速度的敞开体系中，燃烧放热造成产物体积迅速膨胀，压力升高，压强可达 $709.1\sim810.4kPa$。通常的爆炸反应即属此种。

二、液体燃烧

易燃、可燃液体在燃烧过程中，并不是液体本身在燃烧，而是液体受热时蒸发出来的液体蒸气被分解、氧化达到燃点而燃烧，即蒸发燃烧。因此，液体能否发生燃烧、燃烧速率高低，与液体的蒸气压、闪点、沸点和蒸发速率等性质密切相关。

1. 闪燃

闪燃是指易燃或可燃液体（包括可熔化的少量固体，如石蜡、樟脑、萘等）挥发出来的蒸气分子与空气混合后，达到一定的浓度时，遇引火源产生一闪即灭的现象。闪点是指易燃或可燃液体表面产生闪燃的最低温度。

2. 沸溢

沸溢过程说明，沸溢的形成必须具备三个条件：

（1）原油具有形成热波的特性，即沸程宽、相对密度相差较大；

（2）原油中含有乳化水，水遇热波变成蒸气；

（3）原油黏度较大，使水蒸气不容易从下向上穿过油层。

3. 喷溅

在重质油品燃烧进行过程中，随着热波温度的逐渐升高，热波向下传播的距离也加大，当热波达到水垫时，水垫的水大量蒸发，蒸气体积迅速膨胀，以至把水垫上面的液体层抛向空中，向罐外喷射，这种现象叫喷溅。

三、固体燃烧

根据各类可燃固体的燃烧方式和燃烧特性，固体燃烧的形式大致分为 5 种，其燃烧各有特点。

1. 蒸发燃烧

硫、磷、钾、钠、蜡烛、松香、沥青等可燃固体，在受到火源加热时，先熔融蒸发，随后蒸气与氧气发生燃烧反应，这种形式的燃烧一般称为蒸发燃烧。

2. 表面燃烧

可燃固体（如木炭、焦炭、铁、铜等）的燃烧反应是在其表面由氧和物质直接作用而发生的，称为表面燃烧。这是一种无火焰的燃烧，又称为异相燃烧。

3. 分解燃烧

可燃固体，如木材、煤、合成塑料、钙塑材料等，在受到火源加热时，先发生热分解，随后分解出的可燃挥发分与氧发生燃烧反应，这种形式的燃烧一般称为分解燃烧。

4. 熏烟燃烧（阴燃）

可燃固体在空气不流通、加热温度较低、分解出的可燃挥发分较少或逸散较快、含水分较多等条件下，往往发生只冒烟而无火焰的燃烧现象，这就是熏烟燃烧，又称阴燃。阴燃与有焰燃烧在一定条件下可互相转化。

5. 动力燃烧（爆炸）

动力燃烧是指可燃固体或其分解析出的可燃挥发分遇火源所发生的爆炸式燃烧，主要包括可燃粉尘爆炸、炸药爆炸、轰燃等几种情形。

要点 006 热传播的主要途径

建筑物内火灾蔓延是通过热传播进行的，其形式与起火点、建筑材料、物质的燃烧性能和可燃物的数量等因素有关。在火场上燃烧物质所放出的热能，通常以传导、辐射和对流三种方式传播，并影响火势蔓延扩大。

一、热传导

热传导又称导热，属于接触传热，是连续介质就地传递热量而又没有各部分之间相对的宏观位移的一种传热方式。固体、液体和气体物质都有这种传热性能，其中固体物质最强，气体物质最弱。由于固体物质的性质各异，其传热的性能也各有不同。例如，将一铜棒和一铁棒的一端均放入火中，结果铜棒的另一端比铁棒会更快地被加热，这说明铜比铁有较快的传热速率；如果把两根铁棒的各一端分别放在火里和热水里，结果是放在火里的比放在热水里的铁棒温度高、传热快，这说明同样物质，热源温度高时，传热速率快。

对于起火的场所，热导率大的物体，由于能受到高温迅速加热，又会很快地把热能传导出去，在这种情况下，就可能引起没有直接受到火焰作用的可燃物质发生燃烧，利于火势传播和蔓延。

二、热对流

流体之间的宏观位移所产生的运动，叫作对流。通过对流形式来传播热能的，只有气体和液体，分别叫作气体对流和液体对流。

室内发生火灾时，燃烧产物和热气流迅速上升，当其遇到顶棚等障碍物时，就会沿着房间上部向各方向平行流动。这时，在房间上部空间形成了烟层，其厚度逐渐增大。如果房间的墙壁上面有门窗孔洞，燃烧产物和热气流就会向邻近的房间室外扩散。但是，也可能有一部分燃烧产物被外界流入的空气带回室内。燃烧产物的浓度越大，温度越高，流动的速度也就越快。

气体对流对火势发展变化的影响主要是：流动着的热气流能够加热可燃物质，以致达到燃烧程度，使火势蔓延扩大；被加热的气体在上升和扩散的同时，周围的冷空气迅速流入燃烧区助长燃烧；气体对流方向的改变，促使火势蔓延方向也随着发生变化。气体对流的强度，决定于通风孔洞面积的大小、通风孔洞在房间中的位置（高度）以及烟雾与周围空气的温度差等条件。气体对流对露天和室内火灾的火势发展变化都是有影响的，即使是室内起火，气体对流对火势发展变化的影响也是较明显的。

三、热辐射

以电磁波传递热量的现象，叫作热辐射。无论是固体、液体和气体，都能把热量以电磁波（辐射能）的方式辐射出去，也能吸收别的物体辐射出的电磁波而转变成热能。因此，热辐射在热量传递过程中伴有能量形式的转化，即热能。

火场上实际进行的传热过程很少是一种传热方式单独进行的，而是由两种或三种方式综合而成，但是必定有一种是主要的。火场上的火焰、烟雾都能辐射热能，辐射热能的强弱取决于燃烧物质的热值和火焰温度。物质热值越大，火焰温度越高，热辐射越强。火场上的辐射热随着火灾发展的不同阶段而变化。在火势猛烈发展的阶段，当温度达到最大数值时，辐射热能最强；反之，辐射热能就弱，火势发展则缓慢。辐射热作用于附近的物体上，能否引起可燃物质着火，要看热源的温度、热源的距离和角度。电磁波的传递是不需要任何介质的，这是辐射与传导、对流方式传递热量的根本区别。

要点 007　灭火的基本原理

一、冷却灭火

对于可燃固体，将其冷却在燃点以下；对于可燃液体，将其冷却在闪点以下，燃烧反应就可能会中止。用水扑灭一般固体物质引起的火灾，主要是通过冷却作用来实现的，水具有较大的比热容和很高的汽化热，冷却性能很好。

二、隔离灭火

例如，自动喷水—泡沫联用系统在喷水的同时喷出泡沫，泡沫覆盖于燃烧液体或固体的表面，在发挥冷却作用的同时，将可燃物与空气隔开，从而可以灭火。再如，在扑灭可燃液体或可燃气体火灾时，迅速关闭输送可燃液体或可燃气体的管道的阀门，切断流向着火区的可燃液体或可燃气体的输送，同时打开可燃液体或可燃气体通向安全区域的阀门，使已经燃烧或即将燃烧或受到火势威胁的容器中的可燃液体、可燃气体转移。

三、窒息灭火

可燃物的燃烧是氧化作用，需要在最低氧浓度以上才能进行，低于最低氧浓度，燃烧不能进行，火灾即被扑灭。一般氧浓度低于15％时就不能维持燃烧。在着火场所内，可以通过灌注非助燃气体，如二氧化碳、氮气、蒸汽（水喷雾）等，来降低空间的氧浓度，从而达到窒息灭火。

四、化学抑制灭火

由于有焰燃烧是通过链式反应进行的，如果能有效地抑制自由基的产生或降低火焰中的自由基浓度，即可使燃烧中止。化学抑制灭火的灭火剂常见的有干粉和七氟丙烷。化学抑制灭火速度快，使用得当可有效地扑灭初期火灾，减少人员伤亡和财产损失。该方法对于有焰燃烧火灾效果好，而对深位火灾由于渗透性较差，灭火效果不理想。

要点 008　易燃气体的危险特性

易燃气体是指在温度 20℃、标准大气压 101.3kPa 时，爆炸下限≤13％（体积），或燃烧范围不小于 12％（爆炸浓度极限的上、下限之差）的气体。如氢气、乙炔气、一氧化碳、甲烷等碳五以下的烷烃、烯烃，无水的一甲胺、二甲胺、三甲胺、环丙烷、环丁烷、环氧乙烷，四氢化硅、液化石油气等。

一、易燃气体的分级

易燃气体分为二级。Ⅰ级；爆炸下限＜10％，或无论爆炸下限如何，爆炸极限范围≥12％；Ⅱ级：10％≤爆炸下限＜13％，且爆炸极限范围＜12％。

二、易燃气体的火灾危险性

1. 易燃易爆性

易燃气体的主要危险性就是易燃易爆。处于燃烧浓度范围内的易燃气体，遇着火源都能着火或爆炸，有的甚至只需极微小能量就能燃爆。易燃气体与易燃液体、固体相比，更容易燃烧，且燃烧速度快，一燃即尽。简单成分组成的气体比复杂成分组成的气体易燃、燃速快、火焰温度高、着火爆炸危险性大。

2. 扩散性

由于气体的分子间距大，相互作用力小，非常容易扩散，能自发地充满任何容器。气体的扩散与气体对空气的相对密度和气体的扩散系数有关。比空气轻的易燃气体，若逸散在空气中，可以无限制地扩散，与空气形成爆炸性混合物，并能够顺风飘移，迅速蔓延和扩展，遇火源则发生爆炸燃烧；比空气重的易燃气体，若泄漏出来，往往聚集在地表、沟渠、隧道、房屋死角等处，长时间不散，易与空气在局部形成爆炸性混合物，遇到火源则发生燃烧或爆炸。同时，相对密度大的可燃性气体，一般都有较大的发热量，在火灾条件下易于造成火势扩大。

3. 物理爆炸性

易燃气体有很大的压缩性，在压力和温度的影响下，易于改变自身的体积。储存于容器内的压缩气体特别是液化气体，受热膨胀后，压力会升高，当超过容器的耐压强度时，即会引起容器爆裂或爆炸。

4. 带电性

压力容器内的易燃气体（如氢气、乙烷、乙炔、天然气、液化石油气等），当从容器、管道口或破损处高速喷出，或放空速度过快时，由于强烈的摩擦作用，容易产生静电而引起火灾或爆炸事故。

5. 腐蚀毒害性

一些含氢、硫元素的气体具有腐蚀作用，如氢、氨、硫化氢等都能腐蚀设备，严重时可导致设备裂缝、漏气。压缩气体和液化气体，除了氧气和压缩空气外，大都具有一定的毒害性。

6. 窒息性

易燃气体具有一定的窒息性（氧气和压缩空气除外）。易燃易爆性和毒害性易引起注意，而窒息性往往被忽视，尤其是不燃无毒气体，如二氧化碳，氨气，氮、氩等惰性气体，一旦发生泄漏，均能使人窒息死亡。

7. 氧化性

有些压缩气体氧化性很强，与可燃气体混合后能发生燃烧或爆炸，如氯气与乙炔即可爆炸、氯气与氢气见光可爆炸、氟气遇氢气即爆炸、油脂接触氧气能自燃、铁在氧气中能燃烧。

要点 009　易燃液体和固体的危险特性

易燃液体是指闭杯试验闪点＜61℃的液体、液体混合物或含有固体混合物的液体，但不包括由于存在其他危险已列入其他类别管理的液体。闭杯试验闪点指在标准规定的试验条件下，在闭杯中试样的蒸气与空气的混合气接触火焰时，能产生闪燃的最低温度。

一、易燃液体的分类

易燃液体分为三级。Ⅰ级：闪点＜－18℃，如汽油、正戊烷、环戊烷、环戊烯、乙醛、丙酮、乙醚、甲胺水溶液、二硫化碳等；Ⅱ级：－18℃≤闪点＜23℃，如石油醚、石油原油、石脑油、正庚烷及其异构体、辛烷及其异辛烷、苯、粗苯、甲醇、乙醇、噻吩、吡啶、香蕉水、显影液、镜头水、封口胶等；Ⅲ级：23℃≤闪点＜61℃，如煤油、磺化煤油、浸在煤油中的金属镧、铷、铈、壬烷及其异构体、癸烷、樟脑油、乳香油、松节油、松香水、癣药水、刹车油、影印油墨、照相用清除液、涂底液、医用碘酒等。

二、易燃液体的火灾危险性

1. 易燃性

由于易燃液体的沸点都很低，易燃液体很容易挥发出易燃蒸气，其闪点低，自燃点也低，且着火所需的能量极小。因此，易燃液体都具有高度的易燃易爆性，这是易燃液体的主要特性。

2. 挥发性

易燃液体由于自身分子的运动，都具有一定的挥发性，挥发的蒸气易与空气形成爆炸性混合物，所以易燃液体存在着爆炸的危险性。挥发性越强，爆炸的危险性就越大。

3. 热膨胀性

易燃液体的膨胀系数一般都较大，储存在密闭容器中的易燃液体，受热后在本身体积膨胀的情况下会使蒸气压力增加，容器内部压力增大，若超过了容器所能承受的压力限度，就会造成容器的鼓胀甚至破裂。而容器的突然破裂，大量液体在涌出时极易产生静电火花从而导致火灾、爆炸事故。此外，对于沸程较宽的重质油品，由于其黏度大、油品中含有乳化水或悬浮状态的水或在油层中有水层，发生火灾后，在热波作用下产生的高温层作用可能导致油品发生沸溢或喷溅。

4. 流动性

液体流动性的强弱，主要取决于液体本身的黏度。液体的黏度越小，其流动性越强。黏度大的液体随着温度升高而增强其流动性。易燃液体大都是黏度较小的液体，一旦泄漏，便会很快向四周流动扩散和渗透，扩大其表面积，加快蒸发速度，使空气中的蒸气浓度增加，火灾、爆炸危险性增大。

5. 静电性

多数易燃液体在灌注、输送、流动过程中产生静电，静电积聚到一定程度就会放电，引起火灾或爆炸。

6. 毒害性

易燃液体大多本身或蒸气具有毒害性。不饱和、芳香族碳氢化合物和易蒸发的石油产品比饱和的碳氢化合物、不易挥发的石油产品的毒性大。

要点 010　水的灭火作用

水的灭火作用有以下几个方面：

冷却作用、窒息作用、稀释作用、分离作用、乳化作用。

要点 011　常用电工仪表

常用电工仪表有：

万用表、钳形表、电流表、电压表、接地电阻仪、红外线温枪、热成像仪、功率计、兆欧表等。

要点 012　过载与短路

一、过载

过载是指电气设备和电气线路在运行中超过安全载流量或额定值。过载使导体中的电能转变成热能，当导体和绝缘物局部过热，达到一定温度时，就会引起火灾。

1. 发生过载的主要原因

（1）设计、安装时选型不正确，电气设备的额定容量小于实际负载容量。

（2）设备或导线随意装接，增加负荷，造成超载运行。

（3）检修、维护不及时，设备或导线长期处于带病运行状态。

2. 防范过载的措施

（1）低压配电装置不能超负荷运行，其电压、电流指示值应在正常范围。

（2）正确选用和安装过载保护装置。

（3）电开关和插座应选用合格产品，并且不能超负荷使用。

（4）正确选用不同规格的电线电缆，要根据使用负荷正确选择导线的截面。

（5）对于需用电动机的场合，要正确选型，避免"小马拉大车"导致过载。

二、短路

短路是电气设备最严重的一种故障状态，是相线与相线、相线与零线（或地线）在某一点相碰或相接，引起电器回路中电流突然增加的现象。

1. 造成短路的原因

（1）电气设备的使用和安装与使用环境不符，致使其绝缘在高温、潮湿、酸碱环境条件下受到破坏。

（2）电气设备使用时间过长，超过使用寿命，致使绝缘老化或受损脱落。

（3）金属等导电物质或鼠、蛇等小动物跨越在输电裸线的两线之间或相对地之间。

（4）电导线由于拖拉、摩擦、挤压、长期接触尖硬物体等，造成绝缘层机械损伤。

（5）过电压使绝缘层击穿。

（6）错误操作或把电源投向故障线路。

（7）恶劣天气，如大风、暴雨造成线路金属性连接。

2. 防止短路的措施

（1）电气线路应选用绝缘线缆。在高温、潮湿、酸碱条件下，应选用适应相应环境的防湿、防热、耐火或防腐线缆类型和保护附件。例如，高温场所应以石棉、玻璃丝、瓷珠、云母等做成耐热配线；三、四级耐火等级建筑物闷顶内的电线应用金属管配线或带有金属保护的绝缘导线；明敷于潮湿场所的线管应采用水煤气钢管等。

（2）确保电气线路的安装施工质量和加强日常安全检查，注意电气线路的线间、线与其他物体间保持一定安全间距，并防止导线机械性损伤导致绝缘性能降低。例如，室内明敷导线穿过墙壁或金属构件时须用绝缘套管保护；架空线路要注意敷设路径的安全性和安装的牢固度；及时检查发现放电打火的痕迹；及时更换老化线路等。

（3）低压配电装置和大负荷开关安装灭弧装置，如灭弧栅、灭弧触头、灭弧罩、天弧绝缘板等。

（4）配电箱、插座、开关等易产生电弧打火的设备附近不要放置易燃物品。

（5）插座和开关等设备应保持完好无损，在潮湿场所应采取防水、防溅措施。

（6）安装漏电监测与保护装置，及时发现线路和用电设备的绝缘故障，并提供保护。

要点 013　静电与雷电

一、静电

静电是一种相对稳定状态的电荷，它是正、负电荷在局部范围内失去平衡的结果，具有高电位、低电量、小电流和作用时间短的特点。静电放电产生的电火花往往成为引火源，造成火灾。

1. 引起静电火灾的条件

2. 防止静电的基本措施

（1）控制静电场合的危险程度。

（2）减少静电荷的产生。

二、雷电

1. 雷电的产生

雷电是自然界的一种复杂放电现象。带着不同电荷的雷云之间或雷云与大地之间的绝缘（空间）被击穿，会产生放电现象。

2. 雷电的危害

（1）电效应

（2）热效应

（3）机械效应

三、防雷措施

（1）防直雷击的措施

（2）防雷电感应的措施

（3）防雷电波（流）侵入的措施

要点 014　建筑物火灾的发展过程

　　对于建筑物火灾而言，最初发生在室内的某个房间或某个部位，然后由此蔓延到相邻的房间或区域，以至整个楼层，最后蔓延到整个建筑物。其发展过程大致可分为初期增长阶段、充分发展阶段和衰减阶段（图 1）。

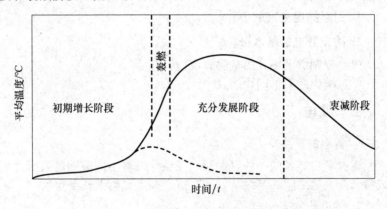

图 1　建筑物室内火灾温度-时间曲线

一、初期增长阶段

　　室内火灾发生后，最初只局限于着火点处的可燃物燃烧。局部燃烧形成后，可能会出现以下三种情况：
　　一是以最初着火的可燃物燃尽而终止。
　　二是因通风不足，火灾可能自行熄灭，或受到较弱供氧条件的支持，以缓慢的速度维持燃烧。

这一阶段着火点处局部温度较高，燃烧的面积不大，室内各点的温度不平衡。由于可燃物性能、分布和通风、散热等条件的影响，燃烧的发展大多比较缓慢，有可能形成火灾，也有可能中途自行熄灭，燃烧发展不稳定。火灾初起阶段持续时间的长短不定。

三是有足够的可燃物，且有良好的通风条件，火灾迅速发展至整个房间。

二、充分发展阶段

在建筑物室内火灾持续燃烧一定时间后，燃烧范围不断扩大，温度升高，室内的可燃物在高温的作用下，不断分解释放出可燃气体，当房间内温度达到400～600℃时，室内绝大部分可燃物起火燃烧，这种在一限定空间内可燃物的表面全部卷入燃烧的瞬变状态，称为轰燃。轰燃的出现是燃烧释放的热量在室内逐渐累积与对外散热共同作用、燃烧速率急剧增大的结果。通常，轰燃的发生标志着室内火灾进入全面发展阶段。轰燃发生后，室内可燃物出现全面燃烧，可燃物热释放速率很快，室温急剧上升，并出现持续高温，温度可达800～1000℃。之后，火焰和高温烟气在火风压的作用下，会从房间的门窗、孔洞等处大量涌出，沿走廊、吊顶迅速向水平方向蔓延扩散。同时，由于烟囱效应的作用，火势会通过竖向管井、共享空间等向上蔓延。

三、衰减阶段

在火灾全面发展阶段的后期，随着室内可燃物数量的减少，火灾燃烧速度减慢，燃烧强度减弱，温度逐渐下降，当降到其最大值的80%时，火灾进入熄灭阶段。随后房间内温度下降显著，直到室内外温度达到平衡为止，火完全熄灭。

要点 015　建筑物火灾蔓延的途径

　　在火场上，烟雾流动的方向通常是火势蔓延的一个主要方向。建筑物发生火灾，烟火在建筑内的流动呈现水平流动和垂直流动，且两种流动往往是同时进行的。具体来讲，建筑物火灾蔓延的途径主要有：内墙门、洞口，外墙窗口，房间隔墙，空心结构，闷顶，楼梯间，各种竖井管道，楼板上的孔洞及穿越楼板、墙壁的管线和缝隙等。

　　在外墙面，高温热烟气流会促使火焰窜出窗口向上层蔓延。一方面，由于火焰与外墙面之间的空气受热逃逸形成负压，周围冷空气的压力致使烟火贴墙面而上，使火蔓延到上一层；另一方面，由于火焰贴附外墙面向上蔓延，致使热量透过墙体引燃起火层上面一层房间内的可燃物。建筑物外墙窗口的形状、大小对火势蔓延有很大影响，主要表现在：建筑物内发生火灾，由于热对流的存在，火灾烟气往往通过门洞等各种开口、孔洞蔓延，导致灾情扩大。当烟火在走廊内流动时，一旦遇到楼梯间、电梯井、竖向管道、厂房内的设备吊装孔等，则会迅速向上蔓延，且在向上蔓延的同时也向上层水平方向蔓延。

一、垂直蔓延

　　窗口高宽比较大时，火焰（或热气流）贴附外墙面向上蔓延的现象不显著；窗口高宽比较小时，火焰（或热气流）贴附外墙面的现象明显，使火势很容易向上方蔓延发展；同一房间内，在室内外各种因素都相同的情况下，窗口越大，火焰越靠近墙壁，造成火势向上蔓延的可能性就越大。

形成火灾垂直蔓延的主要因素：

1. 火风压

火风压是建筑物内发生火灾时，在起火房间内，由于温度上升，气体迅速膨胀，对楼板和四壁形成的压力。火风压的影响主要在起火房间，如果火风压大于进风口的压力，则大量的烟火将通过外墙窗口，由室外向上蔓延；若火风压等于或小于进风口的压力，则烟火全部从内部蔓延，当它进入楼梯间、电梯井、管道井、电缆井等竖向孔道以后，会大大加强烟囱效应。

2. 烟囱效应

当建筑物内外的温度不同时，室内外空气的密度随之出现差别，这将引发浮力驱动的流动。如果室内空气温度高于室外，则室内空气将发生向上运动，建筑物越高，这种流动越强。竖井是发生这种现象的主要场合，在竖井中，由于浮力作用产生的气体运动十分显著，通常称这种现象为烟囱效应。在火灾过程中，烟囱效应是造成烟气向上蔓延的主要因素。

烟囱效应和火风压不同，它能影响全楼。多数情况下，建筑物内的温度大于室外温度，所以室内气流总的方向是自下而上，即正烟囱效应。起火层的位置越低，影响的层数越多。在正烟囱效应下，若火灾发生在中性面（室内压力等于室外压力的一个理论分界面）以下的楼层，火灾产生的烟气进入竖井后会沿竖井上升，一旦升到中性面以上，烟气不但可由竖井上部的开口流出来，也可进入建筑物上部与竖井相连的楼层；若中性面以上的楼层起火，当火势较弱时，由烟囱效应产生的空气流动可限制烟气流进竖井，如果着火层的燃烧强烈，热烟气的浮力足以克服竖井内的烟囱效应仍可进入竖井而继续向上蔓延。因此，对高层建筑中的楼梯间、电梯井、管道井、天井、电缆井、排气道、中庭等竖向孔道，如果防火处理不当，就形同一座高耸的烟囱，强大的抽拔力将使火沿着竖向孔道迅速蔓延。

二、水平蔓延

对主体为耐火结构的建筑物来说，造成水平蔓延的主要途径和原因有：未设适当的水平防火分区，火灾在未受限制的条件下蔓延；洞口处的分隔处理不完善，火灾穿越防火分隔区域蔓延；防火隔墙和房间隔墙未砌至顶板，火灾在吊顶内部空间蔓延；采用可燃构件与装饰物，火灾通过可燃的隔墙、吊顶、地毯等蔓延。

1. 水平蔓延的过程

建筑物内部起火后，烟火从起火房间的内门窜出，首先进入室内走道，如果与起火房间依次相邻的房间门没有关闭，就会进入这些房间，将室内物品引燃。如果这些房间的门没有开启，则烟火要待房间的门被烧穿以后才能进入。即使在走道和楼梯间没有任何可燃物的情况下，高温热对流仍可从一个房间经过走道传到另一个房间，从而逐步实现水平方向火势扩大。

2. 孔洞开口蔓延

建筑物内部的一些开口处，是水平蔓延的主要途径，如可燃的木质户门、无水幕保护的普通卷帘、未用不燃材料封堵的管道穿孔处等。此外，发生火灾时，一些防火设施未能正常启动，如防火卷帘因卷帘箱开口、导轨等受热变形，或因卷帘下方堆放物品，或因无人操作手动启动装置等导致无法正常放下，同样造成火灾蔓延。

3. 穿越墙壁的管线和缝隙蔓延

室内发生火灾时，室内上半部处于较高压力状态下，该部位穿越墙壁的管线和缝隙很容易把火焰、高温烟气传播出去，造成蔓延。此外，穿过房间的金属管线在火灾高温作用下，往往会通过热传导方式将热量传到相邻房间或区域一侧，使与管线接触的可燃物起火。

据试验测量，火灾初起时，烟气在水平方向扩散的速度：闷顶内蔓延为0.3m/s，燃烧猛烈时，烟气扩散的速度可达 $0.5 \sim 3.0$ m/s；烟气顺楼梯间或其他竖向孔道扩散的速度可达 $3.0 \sim 4.0$ m/s。而人在平地行走的速度约为 $1.5 \sim 2.0$ m/s，上楼梯时的速度约为 0.5 m/s，人上楼的速度大大低于烟气垂直方向的流动速度。因此，当楼房着火时，如果人往楼上跑是有危险的。由于烟火是向上升腾的，因此吊顶棚上的入孔、通风口等都是烟火进入的通道。闷顶内往往没有防火分隔墙，空间大，很容易造成火灾水平蔓延，并通过内部孔洞再向四周、下方的房间蔓延。对着火层以上的被困人员来说，迅速逃生自救尤为重要。

要点 016　建筑物防火分区

　　防火分区是指在建筑物的内部采用防火墙、耐火楼板及其他防火分隔设施分隔而成，能在一定时间内防止火灾向同一建筑物的其余部分蔓延的局部空间。

一、划分防火分区的目的

　　建筑物防火分区是控制建筑物火灾的基本空间单元。当建筑物的某空间发生火灾时，火势便会从门、窗、洞口，沿水平方向和垂直方向向其他部位蔓延扩大，最后发展成为整座建筑物的火灾。因此，在建筑物内划分防火分区的目的，就在于发生火灾时将火控制在局部范围内，阻止火势蔓延，以便于人员安全疏散，有利于消防扑救，减少损失。

二、建筑物防火分区的类型

　　建筑物防火分区分水平防火分区和垂直防火分区。

1. 水平防火分区

　　水平防火分区是指在同一个水平面（同层）内，采用具有一定耐火能力的防火分隔物（如防火墙或防火门、防火卷帘等），将该楼层在水平方向分隔为若干个防火区域、防火单元，阻止火灾在水平方向蔓延。

2. 垂直防火分区

　　垂直防火分区是指上、下层分别用一定耐火性能的楼板和窗间墙等构件进行分隔，防止火势沿着建筑物各种竖向通道向上部楼层蔓延。

三、建筑物防火分区的划分原则

防火分区的划分应根据建筑物的使用性质、火灾危险性以及建筑物耐火等级、建筑物规模、室内容纳人员和可燃物的数量、消防扑救能力和力量配置、人员疏散难易程度及建设投资等方面进行综合考虑，既要从限制火势蔓延、减少损失方面考虑，又要顾及平时使用管理，以节约投资。国家有关消防技术标准对防火分区的最大允许建筑面积都有明确规定。

建筑物防火分区的划分原则

（1）分区的划分必须与使用功能的布置相统一。

（2）分区应保证安全疏散的正常和优先。

（3）分隔物应首先选用固定分隔物。

（4）越重要、越危险的区域防火分区面积越小。

（5）设有自动灭火系统的防火分区，其允许最大建筑面积可按要求增加一倍；当局部设自动灭火系统时，增加面积可按该局部面积的一倍计算。

要点 017　建筑物防烟分区

一、防烟分区的含义

防烟分区是指在建筑物屋顶或顶棚、吊顶下采用具有挡烟功能的构件分隔而成，且具有一定蓄为的空间。

二、划分防烟分区的目的

建筑物内应根据需要划分防烟分区，其目的是在火灾初期阶段将产生的烟气控制在一定区域内，并通过排烟设施将烟气迅速、有组织地排出室外，防止烟气侵入疏散通道或蔓延到其他区域，以满足人员安全疏散和消防扑救的需要。

三、防烟分区划分构件

防烟分区划分构件可采用：挡烟隔墙、挡烟梁（突出顶棚不小于50cm）、挡烟垂壁（用不燃材料制成，从顶棚下垂，不小于50cm的固定或活动的挡烟设施）。

四、防烟分区的划分原则

（1）防烟分区不应跨越防火分区。

（2）每个防烟分区所占据的建筑面积一般应控制在500m² 以内，当建筑物顶棚高度在3m以上时允许适当扩大，但最大不超过1000m²。

（3）净空高度超过6m的房间，不单独划分防烟分区，防烟分区的面积等于防火分区的面积。

要点 018　火灾自动报警系统的组成和工作原理

一、火灾自动报警系统的组成

火灾自动报警系统由火灾探测报警系统、消防联动控制系统和火灾预警系统组成（图2）。

1. 火灾探测报警系统

火灾探测报警系统由触发器件、火灾报警控制器和火灾警报装置等组成，它能及时、准确地探测被保护对象的初起火灾，并做出报警响应，从而使建筑物中的人员有足够的时间在火灾尚未发展蔓延到危及生命安全的程度时疏散至安全地带，是保障人员生命安全的最基本的建筑消防系统。

（1）触发器件

在火灾自动报警系统中，自动或手动产生火灾报警信号的器件称为触发器件，主要包括火灾探测器和手动火灾报警按钮。火灾探测器是能对火灾参数（如烟、温度、火焰辐射、气体浓度等）响应，并自动产生火灾报警信号的器件。手动火灾报警按钮是手动方式产生火灾报警信号、启动火灾自动报警系统的器件。

（2）火灾报警装置

在火灾自动报警系统中，用以接收、显示和传递火灾报警信号，并能发出控制信号和具有其他辅助功能的控制指示设备称为火灾报警装置。火灾报警控制器就是其中最基本的一种。火灾报警控制器担负着为火灾探测器提供稳定的工作电源，监视探测器及系统自身的工作状态，接收、转换、处理火灾探测器输出的报警信号，进行声光报警，指示报警的具体部位及时间，同时执行相应辅助控制等诸多任务。

（3）火灾警报装置

在火灾自动报警系统中，用于发出区别于环境的声、光的火灾警报信号的装置称为火灾警报装置。它以声、光和音响等方式向报警区域发出火灾警报信号，以警示人们迅速采取安全疏散及灭火救灾措施。

（4）电源

火灾自动报警系统属于消防用电设备，其主电源应采用消防电源，备用电源可采用蓄电池。系统电源除为火灾报警控制器供电外，还为与系统相关的消防控制设备等供电。

2. 消防联动控制系统

消防联动控制系统由消防联动控制器、消防控制室图形显示装置、消防电气控制装置（防火卷帘控制器、气体灭火控制器等）、消防电动装置、消防联动模块、消火栓按钮、消防应急广播设备、消防电话等设备和组件组成。在火灾发生时，联动控制器按设定的控制逻辑准确发出联动控制信号给消防泵、喷淋泵、防火门、防火阀、防排烟阀和通风等消防设备，完成对灭火系统、疏散指示系统、防排烟系统及防火卷帘等其他消防有关设备的控制功能。当消防设备动作后将动作信号反馈给消防控制室并显示，实现对建筑消防设施的状态监视功能，即接收来自消防联动现场设备以及火灾自动报警系统以外的其他系统的火灾信息或其他信息的触发和输入功能。

（1）消防联动控制器

消防联动控制器是消防联动控制系统的核心组件。它通过接收火灾报警控制器发出的火灾报警信息，按预设逻辑对建筑物中设置的自动消防系统（设施）进行联动控制。消防联动控制器可直接发出控制信号，通过驱动装置控制现场的受控设备；对于控制逻辑复杂且在消防联动控制器上不便实现直接控制的情况，可通过消防电气控制装置（如防火卷帘控制器、气体灭火控制器等）间接控制受控设备，同时接收自动消防系统（设施）动作的反馈信号。

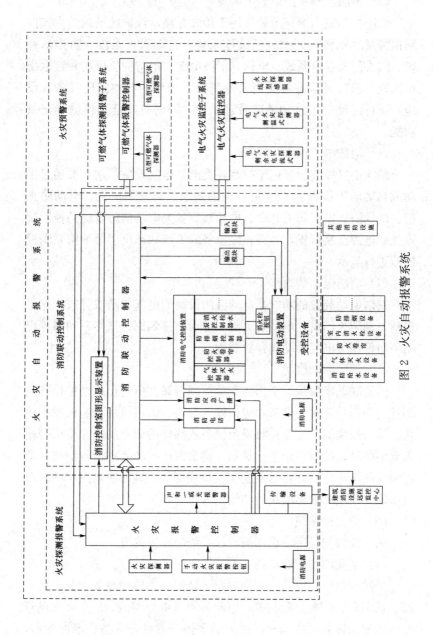

图 2 火灾自动报警系统

（2）消防控制室图形显示装置

消防控制室图形显示装置用于接收并显示保护区域内的火灾探测报警及联动控制系统、消火栓系统、自动灭火系统、防排烟系统、防火门及卷帘系统、电梯、消防电源、消防应急照明和疏散指示系统、消防通信等各类消防系统及系统中的各类消防设备（设施）运行的动态信息和消防管理信息，同时具有信息传输和记录功能。

（3）消防电气控制装置

消防电气控制装置用于控制各类消防电气设备，它一般通过手动或自动的工作方式来控制各类消防泵、防排烟风机、电动防火门、电动防火窗、防火卷帘、电动阀等各类电动消防设施的控制装置及双电源互换装置，并将相应设备的工作状态反馈给消防联动控制器进行显示。

（4）消防电动装置

消防电动装置的功能是电动消防设施的电气驱动或释放，它是包括电动防火门窗、电动防火阀、电动防排烟阀、气体驱动器等电动消防设施的电气驱动或释放装置。

（5）消防联动模块

消防联动模块是用于消防联动控制器和其所连接的受控设备或部件之间信号传输的设备，包括输入模块、输出模块和输入输出模块。输入模块的功能是接收受控设备或部件的信号反馈并将信号输入到消防联动控制器中进行显示，输出模块的功能是接收消防联动控制器的输出信号并发送到受控设备或部件，输入输出模块则同时具备输入模块和输出模块的功能。

（6）消火栓按钮

消火栓按钮是手动启动消火栓系统的控制按钮。

（7）消防应急广播设备

消防应急广播设备由控制和指示装置、声频功率放大器、传声器、扬声器、广播分配装置、电源装置等部分组成，是在火灾或意外事故发生时通过控制功率放大器和扬声器进行应急广播的设备，它的主要功能是向现场人员通报火灾发生，指挥并引导现场人员疏散。

（8）消防电话

消防电话是用于消防控制室与建筑物中各部位之间通话的电话系统，由消防电话总机、消防电话分机、消防电话插孔构成。消防电话是与普通电话分开的专用独立系统，一般采用集中式对讲电话。消防电话的总机设在消防控制室，分机分设在其他各个部位。消防电话总机是消防电话的重要组成部分，能够与消防电话分机进行全双工语音通信；消防电话分机设置在建筑物中各关键部位，能够与消防电话总机进行全双工语音通信；消防电话插孔安装在建筑物各处，插上电话手柄就可以和消防电话总机通信。

二、火灾自动报警系统的工作原理

在火灾自动报警系统中，火灾报警控制器和消防联动控制器是核心组件，是系统中火灾报警与警报的监控管理枢纽和人机交互平台。

1. 火灾探测报警系统

火灾发生时，安装在保护区域现场的火灾探测器，将火灾产生的烟雾、热量和光辐射等火灾特征参数转变为电信号，经数据处理后，将火灾特征参数信息传输至火灾报警控制器；或直接由火灾探测器做出火灾报警判断，将报警信息传输到火灾报警控制器。火灾报警控制器在接收到探测器的火灾特征参数信息或报警信息后，经报警确认判断，显示报警探测器的部位，记录探测器火灾报警的时间。处于火灾现场的人员，在发现火灾后可立即触动安装在现场的手动火灾报警按钮，手动报警按钮便将报警信息传输到火灾报警控制器，火灾报警控制器在接收到手动火灾报警按钮的报警信息后，经报警确认判断，显示动作的手动报警按钮的部位，记录手动火灾报警按钮报警的时间。火灾报警控制器在确认火灾探测器和手动火灾报警按钮的报警信息后，驱动安装在被保护区域现场的火灾警报装置，发出火灾警报，向处于被保护区域内的人员警示火灾的发生。

火灾探测报警系统的工作原理如图 3 所示。

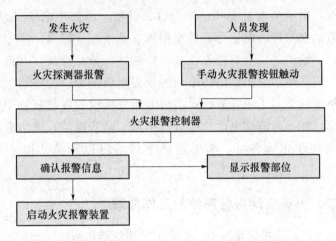

图 3 火灾探测报警系统的工作原理

2. 消防联动控制系统

火灾发生时，火灾探测器和手动火灾报警按钮的报警信号等联动触发信号传输至消防联动控制器，消防联动控制器按照预设的逻辑关系对接收到的触发信号进行识别判断，在满足逻辑关系条件时，消防联动控制器按照预设的控制时序启动相应自动消防系统（设施），实现预设的消防功能；消防控制室的消防管理人员也可以通过操作消防联动控制器的手动控制盘直接启动相应的消防系统（设施），从而实现相应消防系统（设施）预设的消防功能。消防联动控制器接收并显示消防系统（设施）动作的反馈信息。

消防联动控制系统的工作原理如图 4 所示。

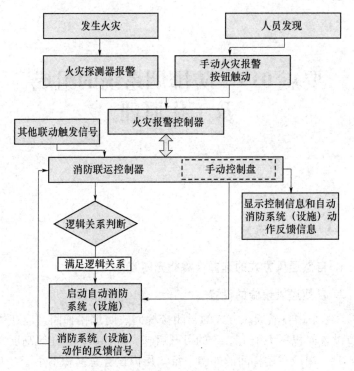

图 4 消防联动控制系统的工作原理

要点 019 防排烟系统的组成及工作原理

一、自然通风系统

1. 自然通风方式的选择（需补充内容）

2. 自然通风设施的设置

（1）采用自然通风方式的封闭楼梯间、防烟楼梯间，应在最高部位设置面积不小于 $1.0m^2$ 的可开启外窗或开口；当建筑高度大于 10m 时，尚应在楼梯间的外墙上每 5 层内设置总面积不小于 $2.0m^2$ 的可开启外窗或开口，且布置间隔不大于 3 层。

（2）前室采用自然通风方式时，独立前室、消防电梯前室可开启外窗或开口的面积不应小于 $2.0m^2$，共用前室、合用前室不应小于 $3.0m^2$。

（3）采用自然通风方式的避难层（间）应设有不同朝向的可开启外窗，其有效面积不应小于该避难层（间）地面面积的 2%，且每个朝向的面积不应小于 $2.0m^2$。

（4）可开启外窗应方便开启；设置在高处的可开启外窗应设置距地面高度为 1.30～1.50m 的开启装置。

二、自然排烟系统

1. 自然排烟方式的选择

（1）多层建筑优先采用自然排烟方式。

（2）丙类及以上的厂房和仓库。

（3）设有中庭的建筑，中庭应设自然排烟系统。

（4）四类隧道和行人或非机动车辆的三类隧道排烟设施开设通风口时可以采用自然排烟。

（5）自然排烟口的总面积大于本防烟分区面积的 2% 时，宜采用自然排烟方式。

（6）敞开式汽车库以及建筑面积小于 1000m² 的地下一层汽车库、修车库，其汽车进出口可直接排烟。

2. 自然排烟设施的设置

排烟窗应设置在排烟区域的顶部或外墙，并应符合下列要求：

（1）当设置在外墙上时，排烟窗应在储烟仓以内或室内净高度的 1/2 以上，并应沿火灾烟气的气流方向开启。

（2）室内或走道的任一点至防烟分区内最近的排烟窗的水平距离不应大于 30m。

三、机械加压送风系统

为保证疏散通道不受烟气侵害以及人员安全疏散，发生火灾时，从安全性的角度出发，高层建筑内可分为四个安全区：第一类安全区为防烟楼梯间、避难层；第二类安全区为防烟楼梯间前室、消防电梯间前室或合用前室；第三类安全区为走道；第四类安全区为房间。

依据上述原则，加压送风时应使防烟楼梯间压力＞前室压力＞走道压力＞房间压力（图 5）。

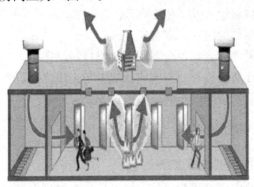

图 5　机械加压送风系统工件原理

289

1. 机械加压送风系统的选择

（1）建筑高度小于或等于50m的公共建筑、工业建筑和建筑高度小于或等于100m的住宅建筑，当前室或合用前室采用机械加压送风系统，且其加压送风口设置在前室的顶部或正对前室入口的墙面上时，楼梯间可采用自然通风方式。

（2）建筑高度大于50m的公共建筑、工业建筑和建筑高度大于100m的住宅建筑，其防烟楼梯间、消防电梯前室应采用机械加压送风方式的防烟系统。

（3）当防烟楼梯间采用机械加压送风方式的防烟系统时，楼梯间应设置机械加压送风设施，前室可不设机械加压送风设施，但合用前室应设机械加压送风设施。防烟楼梯间及其合用前室的机械加压送风系统应分别独立设置。

（4）自然通风条件不能满足每5层内的可开启外窗或开口的有效面积不应小于2.00m²，且在该楼梯间的最高部位应设置有效面积不小于1.00m²的可开启外窗或开口的封闭楼梯间，应设置机械加压送风系统；当封闭楼梯间位于地下且不与地上楼梯间共用时，可不设置机械加压送风系统。

（5）避难层应设置直接对外的可开启外窗或独立的机械防烟设施，外窗应采用乙级防火窗或耐火极限不低于1.00h的C类防火窗。

2. 机械加压送风系统的组件与设置要求

（1）风口可设280℃重新关闭装置。

（2）送风口的风速不宜大于7m/s。

（3）送风井（管）道应采用不燃烧材料制作。

（4）应在防烟楼梯间与前室、前室与走道之间设置余压阀，控制余压阀两侧正压间的压力差不超过50Pa。

四、机械排烟系统

1. 机械排烟系统的选择

（1）建筑内应设排烟设施，但不具备自然排烟条件的房间、走道及中庭等，均应采用机械排烟方式。高层建筑主要受自然条件（如室外风速、风压、风向等）的影响较大，一般采用机械排烟方式较多。

（2）人防工程下列部位应设置机械排烟设施：

① 建筑面积大于 $50m^2$，且经常有人停留或可燃物较多的房间、大厅。

② 丙、丁类生产车间。

③ 总长度大于 20m 的疏散走道。

④ 电影放映间、舞台等。

（3）除敞开式汽车库、建筑面积小于 $1000m^2$ 的地下一层汽车库和修车库外，汽车库、修车库应设置排烟系统（可选机械排烟系统）。

排烟系统是将烟气排出建筑物外，是人员安全疏散的重要保证。排烟机平时可以低速用于通风换气，火灾时远程启动高速排烟。

火灾时人员逃生通道应是楼梯间。因此，要保持楼梯间的正压使烟火不得入内。

正压送风机（图 6）一般安装在屋顶，与各层的正压风阀联动。火灾初起时打开风阀，启动正压送风机，使楼梯间、前室等（电梯厅）处于正压状态。

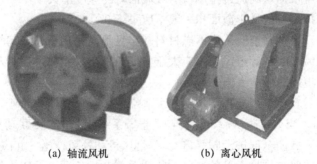

(a) 轴流风机   (b) 离心风机

图 6 正压送风机

2. 排烟量的选取

一个防烟分区的排烟量应根据场所内的热释放量以及相关规定

计算确定，但下列场所可按以下规定确定：

（1）建筑面积小于等于 500m² 的房间，其排烟量应不小于 60m³（h·m²），或设置不小于室内面积 2％的排烟窗。

（2）建筑面积大于 500m² 的公共建筑和工业建筑，其排烟量应符合相关规定的数值，或设置不小于室内面积 2％的排烟窗。

（3）当公共建筑仅需在走道或回廊设置时，机械排烟量不应小于 13000m³/h，或在走道两端（侧）均设置面积不小于 2m² 的排烟窗，且两侧排烟窗的距离不应小于走道长度的 2/3。

3. 机械排烟系统的组件与设置要求

（1）排烟风机可采用离心式或轴流排烟风机（满足 280℃时连续工作 30min 的要求），排烟风机入口处应设置 280℃能自动关闭的排烟防火阀，该阀应与排烟风机连锁，当该阀关闭时，排烟风机应能停止运转。

（2）排烟防火阀安装在排烟系统管道上，平时呈关闭状态，火灾时由电信号或手动开启，同时排烟风机启动开始排烟，当管内烟气温度达到 280℃时自动关闭，同时排烟风机停机。

（3）排烟口的设置宜使烟流方向与人员疏散方向相反，排烟口与附近安全出口相邻边缘之间的水平距离不应小于 1.50m。排烟口的尺寸可根据烟气通过排烟口有效截面时的速度不大于 10m/s 进行计算。排烟口的最小截面积一般不应小于 0.04m²。

（4）排烟管道应采用不燃材料制作且不应采用土建风道。当采用金属风道时，管道风速不应大于 20m/s；当采用非金属材料风道时，管道风速不应大于 15m/s。

（5）补风系统应直接从室外引入空气，补风量不应小于排烟量的 50％。当火灾确认后，火灾自动报警系统应在 15s 内联动开启同一排烟区域的全部排烟阀（口）、排烟风机和补风设施，并应在 30s 内自动关闭与排烟无关的通风、空调系统。担负两个及以上防烟分区的排烟系统，应仅打开着火防烟分区的排烟阀（口），其他防烟分区的排烟阀（口）应呈关闭状态。

要点 020　逃生避难器材

　　火灾逃生避难器材是在发生火灾的情况下，遇险人员逃离火场时所使用的辅助逃生器材。火灾逃生避难器材包括逃生缓降器、逃生梯、逃生滑道、应急逃生器、逃生绳、消防过滤式自救呼吸器等，正确运用火灾逃生避难器材，能在发生火灾时减少人员伤亡。

一、定义

　　根据《建筑火灾逃生避难器材　第 1 部分：配备指南》（GB 21976.1—2008）的定义：

　　逃生缓降器：是一种使用者靠自重以一定的速度自动下降并能往复使用的逃生器材。

　　逃生梯：是固定式逃生梯和悬挂式逃生梯的统称。

　　逃生滑道：是指使用者靠自重以一定的速度下滑逃生的一种柔性通道。

　　应急逃生器：使用者靠自重以一定的速度下降且具有刹停功能的一次性使用的逃生器材。

　　逃生绳：供使用者手握滑降逃生的纤维绳索。

　　自救呼吸器：为消防过滤式自救呼吸器和化学氧消防自救呼吸器的统称。

二、分类

　　1. 绳索类：包括逃生缓降器、应急逃生器、逃生绳。

2. 滑道类：包括逃生滑道。

3. 梯类：包括固定式逃生梯、悬挂式逃生梯。

4. 呼吸器类：包括呼吸器。

三、设置位置

1. 逃生缓降器、逃生梯、逃生滑道、应急逃生器、逃生绳应安装在建筑物袋形走道尽头或室内的窗边、阳台凹廊以及公共走道、屋顶平台等处。室外安装应有防雨、防晒措施。

2. 逃生缓降器、逃生梯、应急逃生器、逃生绳供人员逃生的开口高度应在 1m 以上，宽度应在 0.5m 以上，开口下沿距所在楼层地面高度应在 1m 以上。

3. 自救呼吸器应放置在室内明显且便于取用的位置。

要点 021　消防安全检查的形式

一、一般的日常检查

这种检查是按照岗位消防责任制的要求，以班组长、安全员、义务消防员为主对所处的岗位和环境的消防安全检查情况进行检查，通常以班前班后和交接班的时间为检查重点。

二、防火检查

是消防安全重点单位常用的一种检查形式，为单位保证消防安全的严格管理措施之一。

三、夜间检查

夜间检查是预防夜间发生大火的有效措施检查，主要依靠夜间的值班干部警卫和专兼职消防管理人员，重点是检查水源以及其他异常情况，及时堵塞漏洞，消除隐患。

四、定期防火检查

这种检查是按规定的频次，或者按照不同的季节特点，或者结合重大节日进行，通常由单位领导会同有关职能部门组织，除了对所有的部位进行检查外，还要对重点部门进行重点检查。

要点 022　火灾隐患的认定
（《重大火灾隐患认定规则》）

一、为确保重大火灾隐患认定工作科学、规范、有序，根据有关消防法规和技术规范，结合北京市实际，制定本规则。

二、火灾隐患是指因违反消防法规而导致建筑物可能发生火灾或使火灾危害增大的各类潜在不安全因素，包括人的不安全行为、管理上的缺陷和物的不安全状态。重大火灾隐患是指可能导致重大人员伤亡、重大财产损失或严重社会影响的火灾隐患。

三、认定重大火灾隐患的程序

（一）各区县消防监督处和防火部有关业务处按照管辖，对日常排查发现、单位报告和市民举报的火灾隐患，组织集体讨论。集体讨论时，表决人数不应少于 5 人，对需要认定的重大火灾隐患，报消防局统一组织认定。

（二）认定重大火灾隐患前应现场核实，并有相关影像资料。

（三）消防局组成重大火灾隐患认定小组，对需要认定的重大火灾隐患进行集体讨论，集体讨论的表决人数不应少于 9 人。集体讨论时，可邀请被认定业主单位参加并听取其意见。

（四）在认定重大火灾隐患时，涉及复杂、疑难技术问题或业主有较大异议的，应根据火灾隐患的性质，聘请相关专业的专家组成专家组进行认定。专家论证时，专家人数不应少于 7 人，其中公安消防机构的专家不少于 2 人。

四、认定重大火灾隐患的要素

（一）总平面布局与平面布置

1. 消防车道被堵塞或占用，不能立即改正。

2. 建筑物之间毗邻、搭建，造成防火间距被占用。

3. 设有人员密集场所的建筑物建筑外墙无可供消防扑救的作业面或可供消防扑救的作业面被占用。

4. 擅自改变原有防火分区，超出的面积大于标准规定最大允许值的 50%，或室内防火分隔措施不能满足防止火灾蔓延的要求。

5. 幼儿园、托儿所、敬老院、医院、康复中心等与其他建筑合建时，无独立的安全出口或疏散楼梯；与其他区域的防火分隔措施不能满足防止火灾蔓延的要求；设置的楼层位置与建筑物的耐火等级不相适应。

6. 甲、乙类生产车间设置在地下、半地下。

7. 甲、乙、丙类厂房或甲、乙类仓库与居住建筑或设有人员密集场所的公共建筑混合使用。

8. 丙类厂房与员工宿舍在一座建筑物内混合使用。

9. 丙、丁、戊类厂房内部有爆炸危险的高危险区域未进行防火分隔或分隔不符合防止火灾蔓延的要求。

10. 地下建筑内避难走道未采用防火墙与其他区域分隔。

11. 地铁与地下及地上商场等建筑物相连接时，未采取有效防火分隔措施。

12. 地下车站站厅乘客疏散区、站台及疏散通道内设置商业经营活动场所。

13. 与居住建筑合建的汽车库与居住部分相通的电梯间未采取防火措施与汽车库分隔开。

14. 加油加气站的建设级别与设置区域不符合规定。

（二）安全疏散及灭火救援

1. 商业建筑原有外窗被广告牌等遮挡影响消防扑救。

2. 高层建筑物周围无登高消防车作业场地。

3. 建筑物安全出口被封堵。

4. 公共娱乐场所或宾馆、旅店、商店等人员密集场所的疏散距离超过规定的 50%。

5. 未设置自动喷水灭火系统的建筑物，其疏散距离超过规定的 50%。

6. 地下建筑（含地下室、半地下室）、高层建筑物、公共娱乐场所或宾馆、旅店、商店等人员密集场所未设置疏散指示标志、应急照明或有 30% 以上已损坏。

7. 地下建筑（含地下室、半地下室）、高层建筑物、公共娱乐场所或宾馆、旅店、商店等人员密集场所的走道、疏散楼梯间及其前室装修材料不符合要求。

8. 地铁的地下车站防火分区安全出口的设置不符合规定，不能保证人员安全疏散。

（三）消防给水

1. 建筑物未按规定设消防水源。

2. 人员密集场所、高层建筑、生产和储存易燃易爆化学危险品场所室外消防水量、水压不符合规定。

3. 人员密集场所未按规定设置自动喷水灭火系统。

4. 建筑物内自动喷水灭火系统不能正常使用。

5. 建筑物未按规定设置室内消火栓系统或已设置系统不能正常使用。

6. 地下车站的车站控制室、通信及信号机房、地下变电所等设备用房未按规定设置自动灭火系统。

（四）防排烟系统

地下室、50m 以上高层建筑物、公共娱乐场所或宾馆、旅店、商店等人员密集场所未按规范设置防排烟系统、设施，或系统、设施不能正常使用。

（五）火灾自动报警系统

地下室、50m 以上高层建筑物、公共娱乐场所或宾馆、旅店、商店等人员密集场所未按规定设置火灾自动报警系统，或火灾自动报警系统不能正常使用。

（六）消防电源

自动喷水灭火系统、火灾自动报警系统、防排烟系统、疏散指示标志和应急照明的消防电源不能保证。

五、认定重大火灾隐患的原则

（一）对于能够当场改正的，不应确定为重大火灾隐患。

（二）符合本规则第四条的规定，但已按照法定程序经专家论证或进行性能化设计，并经公安消防机构审核验收合格的，不应确定为重大火灾隐患。

（三）符合本规则第四条的规定，但因国家标准修订引起的，不应确定为重大火灾隐患。

六、在认定重大火灾隐患时，应根据存在火灾隐患场所的类型、建筑物消防安全管理状况和城市消防力量体系进行系统分析和综合判断，主要包括：

（一）建筑物消防安全管理的组织机构、管理制度、火灾应急救援预案、人员培训等状况。

（二）建筑物的使用人员的行动能力、人员分布和对建筑物的熟悉程度、人员的安全意识和受教育程度等状况。

（三）建筑物的功能和实际用途，建筑物的周围环境。

（四）当地消防装备、消防通信、灭火人员素质、消防站点布局和城市交通状况等救援能力。

（五）当地的经济发展水平等实际情况。

七、认定工作结束后，要根据具体情况，将认定的重大火灾隐患划分为重大火灾隐患部位、重大火灾隐患单位和重大火灾隐患地区，逐一确定重大火灾隐患的主体责任

单位、监管单位，同时抄报所在地区县人民政府。

八、对于认定的重大火灾隐患部位和单位采取挂牌督办的方式督促整改，对于认定的重大火灾隐患地区，采取落实消防安全措施，加大日常巡查和消防安全宣传力度，结合城市改造逐步整改。

要点 023　报告火警

一旦失火，要立即报警，报警越早，损失越小。《中华人民共和国消防法》第三十二条明确规定：任何人发现火灾时，都应该立即报警。任何单位、个人都应当无偿为报警提供便利，不得阻拦报警。严禁谎报火警。

报警时要牢记以下 7 点：

1. 要牢记火警电话"119"，消防队救火不收费。

2. 接通电话后要沉着冷静，向接警中心讲清失火单位的名称、地址、什么东西着火、火势大小以及着火的范围。同时还要注意听清对方提出的问题，以便正确回答。

3. 把自己的电话号码和姓名告诉对方，以便联系。

4. 打完电话后，要立即到交叉路口等候消防车的到来，以便引导消防车迅速赶到火灾现场。

5. 迅速组织人员疏通消防车道，清除障碍物，使消防车到火场后能立即进入最佳位置灭火救援。

6. 如果着火地区发生了新的变化，要及时报告消防队，使他们能及时改变灭火战术，取得最佳效果。

7. 在没有电话或没有消防队的地方，如农村和边远地区，可采用敲锣、吹哨、喊话等方式向四周报警，动员乡邻来灭火。

要点 024　火灾扑救及现场保护

一、火灾扑救

1. 火灾扑救的基本原则

（1）救人第一的原则

救人第一的原则，是指火场上如果有人受到火势威胁，企、事业单位消防队员的首要任务就是把被火围困的人员抢救出来。运用这一原则，要根据火势情况和人员受火势威胁的程度而定。在灭火力量较强时，人未救出之前，灭火是为了打开救人通道或减弱火势对人员的威胁程度，从而更好地为救人脱险、及时扑灭火灾创造条件。在具体施救时遵循"就近优先、危险优先、弱者优先"的基本要求。

（2）先控制后消灭的原则

是指对于不可能立即扑灭的火灾，要首先控制火势的继续蔓延扩大，在具备了扑灭火灾的条件时，再展开全面进攻，一举消灭。义务消防队灭火时，应根据火灾情况和本身力量灵活运用这一原则。对于能扑灭的火灾，要抓住战机，就地取材，速战速决；如火势较大，灭火力量相对薄弱，或因其他原因不能立即扑灭时，就要把主要力量放在控制火势发展或防止爆炸、泄漏等危险情况发生上，为防止火势扩大、彻底扑灭火灾创造有利条件。

当建筑物一端起火向另一端蔓延时，可从中间适当部位控制；建筑物的中间着火时，应从两侧控制，以下风方向为主；发生楼层火灾时，应从上向下控制，以上层为主。

（3）先重点后一般的原则

① 人和物相比，救人是重点。

② 贵重物资和一般物资相比，保护和抢救贵重物资是重点。

③ 火势蔓延猛烈的情形和其他情形相比，控制火势蔓延猛烈的情形是重点。

④ 有爆炸、毒害、倒塌危险的情形和没有这些危险的情形，处置这些危险的情形是重点。

⑤ 火场上的下风方向与其他方向相比，下风方向是重点。

⑥ 可燃物资集中的地方较其他地方是重点。

⑦ 要害部位是重点。

2. 火灾扑救的基本方法

（1）冷却灭火法

冷却灭火法是将灭火剂直接喷洒在可燃物上，使可燃物的温度降低到自燃点以下，从而使燃烧停止。用水扑救火灾，其主要作用就是冷却灭火。一般物质起火，都可以用水来冷却灭火。

（2）隔离灭火法

隔离灭火法是将燃烧物与附近可燃物隔离或者疏散开，从而使燃烧停止。这种方法适用于扑救各种固体、液体、气体火灾。

采取隔离灭火的具体措施很多。例如，将火源附近的易燃易爆物质转移到安全地点；关闭设备或管道上的阀门，阻止可燃气体、液体流入燃烧区；排除生产装置、容器内的可燃气体、液体；阻拦、疏散可燃液体或扩散的可燃气体；拆除与火源相毗连的易燃建筑结构，形成阻止火势蔓延的空间地点等。

（3）窒息灭火法

窒息灭火法是采取适当的措施，阻止空气进入燃烧区，或惰性气体稀释空气中的氧含量，使燃烧物质缺乏或断绝氧气而熄灭。这种方法适用于扑救封闭式的空间、生产设备装置及容器内的火灾。

（4）抑制灭火法

抑制灭火法是将化学灭火剂喷入燃烧区参与燃烧反应，中止链反应而使燃烧反应停止。采用这种方法可使用的灭火剂有干粉和卤代烷灭火剂。灭火时，将足够数量的灭火剂准确地喷射到燃烧区内，使灭火剂阻断燃烧反应，同时还要采取必要的冷却降温措施，以防复燃。

二、火灾现场保护

1. 火灾现场保护的目的

发现引火物和起火物，并根据着火物资的燃烧特性及火势蔓延情况，研究火灾发展蔓延的过程，为确定起火点搜集物证创造条件。

2. 划定火灾现场的保护范围

通常情况下，火灾现场的保护范围应包括燃烧的全部场所以及与火灾有关的一切地点。

遇有下列情况时，根据需要应适当扩大保护范围：起火点位置未确定；电气故障引起的火灾；爆炸现场。

3. 火灾现场保护的基本要求

（1）对现场保护人员的基本要求 服从指挥，坚守岗位。

（2）火场保护中的要求

① 起火后，应及时严密地保护现场。

② 公安消防机构接到报警后，应迅速组织勘查人员前往现场，并立即开展现场保护。

③ 扑灭火灾时注意保护火灾现场。

4. 保护火灾现场的方法

（1）灭火中的现场保护

（2）勘查的现场保护

① 露天现场：将发生火灾地点周围纳入保护范围。

② 室内现场：室外门窗下布置专人看守。

③ 大型火灾现场：利用原有围墙等进行隔离。

（3）痕迹与物证的现场保护

在留有痕迹与物证的地点做出保护标志。

5. 火灾现场保护中的应急措施

（1）扑灭后的火场死灰复燃时，要迅速有效扑救，并酌情及时报警。

（2）遇到人命危急情况时，立即施救。

（3）危险物品发生火灾时，无关人员不要靠近。

（4）建筑物有倒塌危险时，应采取措施固定。

要点 025　消防行业职业道德

　　遵纪守法、文明礼貌；爱岗敬业、忠于职守；钻研业务、精益求精；英勇顽强、团结协作。

第三篇

消防安全管理制度

要点 001 消防安全管理制度（一）

一、防火巡查制度

1. 应当进行每日防火巡查，并确定巡查的人员、资料、部位和频次。巡查的资料应当包括：

（1）安全出口、疏散通道是否畅通，安全疏散指示标志、应急照明是否完好；

（2）消防设施、器材和消防安全标志是否在位、完整；

（3）用火、用电有无违章情况；

（4）消防安全重点部位的人员在岗情况；

（5）其他消防安全情况。

2. 防火巡查人员应当及时纠正违章行为，妥善处置火灾危险，无法当场处置的，应当立即报告。发现初起火灾应当立即报警并及时扑救。

3. 防火巡查应当填写巡查记录，巡查人员及其主管人员应当在巡查记录上签名。

二、消防安全教育、培训制度

1. 严格按照年度消防安全教育、培训计划，组织员工参加消防教育、培训。

2. 对员工应当每半年进行一次培训，对新上岗的进入新岗位的员工应当进行消防安全培训，并将组织开展宣传教育的情况做好记录。

三、消防设施、灭火器材管理制度

1. 室内消火栓系统、火灾自动报警系统、自动喷水灭火系统、防排烟系统等自动消防设施应当定期检测、调试、维修和更换，并按时认真填写检查、检测、维修保养记录。

2. 未经公安消防机构同意，不得擅自停用消防设施。

3. 按照有关规定定期对灭火器进行维护保养和维修检查。对灭火器建立档案资料，记明配置类型、数量、设置位置、检查维修单位（人员）、更换药剂时间等有关情况。

四、安全疏散设施管理制度

应当保障消防安全疏散通道、安全出口畅通，对消防安全标志、设施要进行维护，不得围占、挪用、遮挡、覆盖。

五、火灾隐患整改制度

1. 消防安全责任人应当组织防火检查，督促落实火灾隐患整改，处理涉及消防安全的操作规程。

2. 对不能当场改正的火灾隐患及时向消防安全责任人报告，提出整改方案。消防安全责任人应当确定整改的措施、期限以及负责整改并落实整改资金。

3. 在火灾隐患未消除之前应当落实防范措施，保障消防安全。不能确保消防安全，随时可能引发火灾或者一旦发生火灾将严重危及人身安全的，应当将危险部位停产、停业整改。

4. 火灾隐患整改完毕，应当将整改情况记录在案，消防安全负责人或者消防安全管理人签字确认后存档备查。记录应当记明检查的人员、时间、部位、资料、发现的火灾隐患以及处理措施等。

六、用火、用电消防安全管理制度

1. 非电工人员严禁拆装、挪移临时电气线路，否则造成事故的，由使用部门负责人与肇事者承担全部职责。

2. 电气设备的操作人员必须严格遵守安全操作规程，并定期对设备进行检查、维护，发现问题及时报告，由专业人员负责维修，工作结束后必须切断电源，做到人走电断。

3. 每季度对电气线路进行一次全面检测、维修，并做好记录。未经批准私自动用明火的，保卫部门应当责令其停止动火作业。

4. 营业结束后，必须对场所进行全面检查，确保无遗留火种后关掉营业用电。

要点 002　消防安全管理制度（二）

一、消防安全管理中心工作规程

1. 严格执行本公司《消防安全管理中心管理制度》及《消防安全管理监控员交接班制度》，维护消防安全管理中心设备的完好无损，保障设备正常运行。

2. 严格遵守声控、音响和监视设备的技术安全操作规程，熟练掌握各种设备的使用性能和操作方法，熟悉各种信号、标识和讯号。处理每一次火警讯号不得超过 5 秒。

3. 坚守岗位，严密注视监视屏及各类控制柜的工作状态，认真接警、处警和解警。做到准确记录火警讯号，快速传报，正确传达领导处置火情的指示。

4. 严密监视闭路电视监控系统，发现各类违法犯罪活动或类似情况时，及时通知安全管理员主管前往调查处理，并做好记录。

5. 当发出火警报警信号时，立即经过对讲机或电话通知当值安全管理巡逻员前去报警位置核查信号真伪情况。

6. 发生火灾时，迅速按消防预案紧急处理，并尽快向消防主管及物业值班经理报告。异常紧急情况，可越级直接报告物业经理。

7. 每班至少进行一次各类信号检查，确认正常与否，并做好记录。如发现不正常情况，应立即查明原因，并及时处理；无法处理的问题，迅速上报主管或通知工程维修人员。

8. 各操作开关在正常情况下应当处于"自动"位置。每月第一周做一次手动、自动实际操作检查，以确认设备是否处于完好状态。

9. 当物业电梯监视系统收到故障报警时，应当立即通知当值经理和工程维修人员前去处理。

10. 配合机电人员等进行报警系统每季度一次的检查，以及每季度一次的消防系统有关试压测验。

11. 为保证消防安全管理中心专线报警信息畅通，除紧急情况外，不得使用专线报警电话。

12. 遵守劳动纪律，坚守岗位，不迟到不早退，做到"六不准"（即不准睡岗、脱岗，不准岗上会见亲友，不准吸烟，不准岗前、岗上饮酒，不准代人存入物品，不准搞娱乐活动）。

13. 保持室内卫生，经常清洁控制柜及闭电监控系统，做到设备无灰尘、积垢。

14. 宣传消防规章制度，报告火灾隐患，提出消防合理化提议。

15. 当值人员必须准确、真实、清晰地填写值班记录。

16. 谢绝非工作人员进入消防安全管理中心，严禁非值班人员触动各种设备。

17. 对各种值班用簿、资料、工具、装备要做到数目清楚，摆放有序。

18. 严禁收录、播放电台节目及与工作无关的音乐、录像带。

二、消防安全管理中心管理制度

1. 在公司领导的正确领导下，认真执行国家有关规定和物业管理公司《消防安全管理制度》，遵守消防监控设备的安全操作规程，以保证物业的安全。

2. 消防保安中心实行专人轮班制度，值班员要严格履行其岗位职责。

3. 维护消防主机联动系统和音响广播设备的安全运行，定期与有关部门对消防设施进行检测、保养及维修，管理好全部设备、资料，及时调配、补充消防及灭火器材。

4. 消防保安中心设备出现故障时，必须立即报告工程管理部或负责维护管理的专业部门，严禁擅自拆装、移动。

5. 定期检查物业各个部位的防火安全情况及各种消防设备、灭火器材，发现隐患及时督促，并协助有关部门及客户进行整改。

6. 认真处理每一次火警讯号，反应时间不得超过 5 秒，做到快速传报、准确记录、有警必查、查必有果。

7. 必须备有《火灾疏散预案》和火警传报程序，以及消防监控保护部位示意图和相关部门及客户电话、寻呼机和手机号码。

8. 在物业管理公司消防负责人的领导下，定期组织物业管理公司员工进行消防演习，开展防火宣传教育。

9. 消防安全管理中心电话属专用报警联系电话，任何人不得占用，以免影响消防联络。

10. 谢绝非值班人员进入消防保安中心，严禁非值班人员触动各种设备。

11. 一旦发生火灾或各种突发事件，必须听从物业防火负责人的统一指挥，服从命令，全力以赴，做好灭火抢险的救灾工作。

12. 全体消防监控人员必须树立严谨的敬业精神和高度的责任感，为物业管理公司的消防工作做出贡献。

三、消防安全管理中心监控员交接班制度

1. 接班者应当提前 10 分钟到岗，交班者相应提前做好交接准备工作，做好消防值班记录和交接班手续。未经上级主管批准不得私自换班、替班。

2. 交班者应当将设备运行情况及故障火警处理情况、资料工具数目、领导指示、待办事宜等，准确记录在值班簿上，并向接班人加以说明交代。

3. 接班者与交班者应当共同查看各种设备有无损坏及运行情况，交换对火警的处理意见，弄清领导指示和未尽事宜的续办资料，点清交接物品。

4. 当交接班遇有紧急情况发生时，或在事故处理过程中，不

能进行交接班，可在交班人员主持、接班人员协助下完成工作。待事件处理得出结论，或上级主管做出决定后，交接班方可进行。涉及设备失灵、处警失误等情况，必须当即报告有关领导裁定职责。

5. 接班人未到，交班人应当坚守岗位。如接班人因故无法到岗工作，交班人应当报告主管领导给予安排，不得擅自离岗。

6. 交班人交班前必须清扫室内卫生，接班人如发现交班人无故未清扫室内卫生，可不接班，直至交班人清扫完毕。

7. 禁止交班给有病、情绪不正常或醉酒的接班人员，并立即将此情况报告上级主管。

8. 交接班双方须在《消防安全管理中心值班记录簿》上签字，以明确职责。

四、消防安全教育、培训制度

1. 实行三级教育、培训制度，凡新参加工作的员工须分别经公司（一级）、部门（二级）、班组（三级）消防安全教育培训，并考试合格后，方可上岗工作。

2. 一级由公司办公室组织，安全管理部负责实施；二级由部门主管经理负责；三级由班组长负责；时间分别不少于半天、两小时、一小时，公司内调动由二、三级负责。

3. 资料为"三懂三会"消防法规、制度、火灾原因及教训等，班组可用讲演与表演相结合的方式。

4. 随技术工种和引进的新设备、新技术，由所在部门负责组织技术和消防培训，考核同步进行。

5. 未经三级消防安全教育或不合格者，不得分配上岗操作服务，否则由此发生火灾事故由分配及接收具体工作的领导负主要责任。

6. 对民工、外委托施工人员的消防教育，由主管部门负责。

五、动火审批制度

1. 根据用火部位和危险程度，实行公司、部门、班组三级审批管理制度。动火时，必须到消防安全管理中心办理动火证，方可动火施工，违者按有关规定处理。

2. 在楼层闷顶、车库、制冷机房等有易燃易爆液体、气体的容器，管线，设备处动火属一级。由主管部门或民工、外委托施工负责人采取消防措施，并事先通知安全管理员到场监督，方可动火；疑难危险问题报请公司领导，召集有关员工采取可靠措施，作为特殊动火处理。

3. 非属一级动火管理之处的使用电焊、气焊、烧烤、煨管、熬沥青和批准使用的电炉及炉火取暖的管理属二级。由主管部门制定用火管理制度，执行防火管理规定，并责成专人落实。

4. 属于正常使用中的加工餐食的液化石油气炉灶、烤炉及吸烟管理属三级。由班长负责检查，落实岗位员工消防责任制。

六、新建、扩建、临建工程报批制度

1. 工程管理部对工程的消防设计和安全施工负责，并对外包工程中的消防安全实施现场监督，自建和外委托工程事先均须按规定报请消防机关审批后，方可施工。

2. 凡外委托工程，主管部门按国家《消防条例实施细则》的规定督促落实，设计单位的设计须贴合国家的有关规定，建设单位须按批准的消防设计图纸施工，不得擅自改动，并负责施工现场的消防工作。

3. 公司内临建工程由改建或维修部门按规定报批，并在规定期限内拆除。

七、电器安全管理制度

1. 公司各部门的各种电器的安装、增减、拆修、检修、更新均由专业电工按国家有关规定进行。

2. 非专业人员不准私自拆改、增加用电设备及器具。

3. 禁止员工和客户私自使用电炉、电饭锅、电热杯、电熨斗等电加热用具。

八、消防器材、设备维护、检修更新制度

1. 各岗位配置的灭火器、消火栓、水带、水枪及消防设施等，由各岗位人员负责维护保养，保持完好、整洁，并列入交接资料中。

2. 灭火器材检修和更新，由安全管理部负责；室内外消火栓检修、修理、更新，由工程管理部负责。

3. 室外消防栓维护保养和冬季保温，由工程管理部负责。

4. 自动报警和灭火装置，由所在岗位人员维护保养，由工程管理部维修。

5. 各种灭火设备、器具不准擅自挪作他用、压盖和围占，如违反或丢损，追究违规者的责任。

九、逐级消防检查制度

1. 坚持班组岗位日查、部门周查、公司月查制度，各级管理人员坚持日常检查，节假日开展逐级自查活动。

2. 检查资料包括查领导、查制度、查消防设备、查隐患，结合实际和不同的季节应当各有重点。

3. 器具、机动车辆和消防设备分别进行专业性的全面检查，公司进行抽查考核。

4. 各级和各种形式的消防检查所发现的隐患问题，都应当有文字记录并逐级落实整改措施。

十、隐患整改制度

1. 火险隐患包括现实的火灾危险和能够导致火灾发生的违章行为。

2. 隐患整改坚持班组、岗位能整改的不上交部门；部门能整改的不上交公司；公司能整改的不上交上级。

3. 按上级规定实行隐患立案、整改销案制度，对重大火险隐患有"三定"整改方案（即定人、定措施、定时间），隐患未消除前，要有可靠的安全措施。

4. 因历史遗留的疑难隐患，由公司在今后改造和发展中有计划分步骤解决，有关部门配合公司采取安全措施。

5. 对公安机关和上级主管部门检查提出和下达的《火险隐患整改通知书》，有关部门应当整改，公司负责督促落实，并及时复函。

6. 对公司检查出的火险隐患，通知后不及时整改的下发"处罚通知单"，由该部门主管经理签收负责，"通知单"存档备查。

十一、《火险隐患整改通知书》使用规定

1. 各部门及外来施工单位接到《火险隐患整改通知书》，必须按照通知书上的期限要求整改。

2. 任何部门及外来施工单位不准拒收《火险隐患整改通知书》，如拒收，发生的一切后果由当事人自负。

3. 收到安全管理部门下发的《火险隐患整改通知书》但不执行整改的部门及施工单位，消防专管人员有权制止和处罚。

4. 对不执行《火险隐患整改通知书》的部门及外来施工单位，如出现意外情况，一切后果自负。

5. 过期整改发生的一切职责由当事人负责。

6.《火险隐患整改通知书》必须经过主管消防工作的部门领导和消防主管共同签字方可有效。

十二、防火宣传教育制度

1. 消防宣传是消防管理的一个重要方面，是教育和发动群众自觉同火灾做斗争的一项重要措施。各部门必须贯彻执行"预防为主，防消结合"的消防工作方针，保障安全。

2. 防火宣传教育要纳入部门宣传教育中，利用各种形式，广泛深入地进行宣传，普及消防知识，提高职工防火意识。

3. 新职工、临时工（包括代培、借用人员和施工人员）工作前必须对其进行防火教育。

4. 各级领导和全体员工必须认真学习消防常识及有关消防管理规定，并认真执行。

5. 对用火、用电、用油和储存易燃易爆物品的仓库及重点部位的人员、特殊工种等要采取短期培训、讲座、参观等方法进行消防专业知识教育。

6. 定期组织防火安全活动，经过经常化、制度化的教育和训练，提高员工的思想政治觉悟。

7. 抓住正、反两方面的典型事例进行宣传教育，提高警惕性，增强防火责任感。

8. 要经常对广大员工和义务消防员进行消防知识教育，使广大群众都能达到"四能"（即能宣传、能检查、能及时发现和整改火险隐患、能扑救初起火灾）。

9. 经过系统的宣传教育，广大群众不断提高防火安全意识，增强消防安全观念，在工作中、生活中自觉遵守各项防火安全制度，时刻不忘防火，就会杜绝或减少火灾发生。

10. 贯彻实施消防有关法规、条例、规定。表彰在消防工作中做出贡献的先进人物，揭露、批评违章、违法乱纪行为等，要运用宣传舆论，扩大影响，推动消防工作。

十三、义务消防组织制度

1. 义务消防组织是群众性的组织，是做好防火工作、扑救初起火灾、保障营业安全的一支重要力量。各级领导都要带头支持义务消防组织的各项活动。

2. 各单位、各部门要建立义务消防组织，本部门防火负责人负责具体组织、培训、演练等，安全管理部负责指导。

3. 义务消防队伍训练教育资料：

（1）学习上级有关文件、报刊、指示和消防法规、条例及物业消防规定。

（2）学习掌握各种消防器材的使用方法，熟悉其性能及维修保养等，监督他人不准乱动和损坏，发现后及时报告安全管理部负责人。

（3）根据各部门营业性质进行实际演练。

（4）协助有关部门查明火灾、火警原因。

(5) 对本单位的消防事宜有权监督检查和向有关部门反映情况。

十四、火灾调查处理制度

1. 发生火灾，扑救后要及时查明原因，如属职责事故，确定责任者，视情节按有关规定严肃处理。

2. 火灾查处由公司组织，安全管理部具体实施，有关部门协助。如事故情况需要消防部门调查处理，安全管理部做好配合协调工作。

3. 按上级规定，火灾事故应按"三不放过"原则处理（即事故原因不清不放过、职责者未受处理和群众未受教育不放过、没有整改措施不放过）。

十五、消防安全奖罚制度（一）

1. 对于在消防安全工作中有贡献或成绩突出的先进部门、班组、个人，由公司按有关规章制度给予奖励。

2. 违反消防法规和本规定的部门、班组、个人按公司规章制度给予批评和处罚，情节恶劣、后果严重的依法追究当事人的刑事责任。

十六、消防安全奖罚制度（二）

1. 总则

各单位、各部门要把消防宣传工作纳入经营管理中，每季度由物业管理公司进行一次安全检查评比、总结。对较差的单位和个人给予批评和处罚，对先进的团体、单位及个人给予表扬和物质奖励。

2. 评选先进团体的条件

(1) 领导重视，把消防工作真正纳入议事日程，做到"五同时"。

(2) 认真落实逐级防火职责制和岗位防火职责制。

(3) 义务消防组织健全，经常开展活动，并有记录、有措施、有成绩。

（4）严格遵守消防安全管理规定，从未发生火灾、火警事故，成绩突出。

（5）同违反消防管理的现象斗争，避免火灾和爆炸事故，使国家、团体和人民生命财产免受损失成绩显著者。

（6）能够坚持经常性消防业务学习和训练，为扑救火灾，抢救国家、团体和人民生命财产做出贡献者。

3. 处罚

有下列行为之一者，分别给予批评教育、行政记过、警告、通报批评、罚款、扣罚资金和开除的处分：

（1）造成火灾事故的直接职责者及有关人员。

（2）用火、用电不慎或储存保管危险品不当的。

（3）火灾情况下随意使用、损坏消防设施、器材的。

（4）扰乱火场秩序，妨碍灭火工作，不听劝阻的。

（5）阻碍消防车辆经过，影响灭火任务的。

（6）违章吸烟、动火的。

（7）安全管理员、消防值班人员不坚守岗位，擅离职守的。

（8）未经批准埋压、占用、改用消防设施的。

（9）违反消防管理规章制度，阻碍消防检查工作的。

（10）谎报火警或破坏火灾现场，隐瞒事实真相，供给假情报以及阻挠火灾调查处理的。

（11）对向上级主管部门反映情况的人员进行打击报复的。

（12）对有关部门已提出的火险隐患整改意见拖延解决或造成火灾者。

（13）违反消防规定，经消防监督员提出改善意见而拒绝执行者。

要点 003　消防安全管理制度（三）

一、消防安全教育、培训制度

1. 每年以创办消防知识宣传栏、开展知识竞赛等多种形式，提高全体员工的消防安全意识。

2. 定期组织员工学习消防法规和各项规章制度，做到依法治火。

3. 各部门应针对岗位特点进行消防安全教育培训。

4. 对消防设施维护保养和使用人员应进行实地演示和培训。

5. 对新员工进行岗前消防培训，经考试合格后方可上岗。

6. 因工作需要员工换岗前必须进行再教育培训。

7. 消控中心等特殊岗位要进行专业培训，经考试合格，持证上岗。

二、防火巡查、检查制度

1. 落实逐级消防安全职责制和岗位消防安全职责制，落实巡查、检查制度。

2. 消防工作归口管理职能部门每日对公司进行防火巡查，每月对单位进行一次防火检查并复查追踪改善。

3. 检查中发现火灾隐患，检查人员应填写防火检查记录，并按照规定要求有关人员在记录上签名。

4. 检查部门应将检查情况及时通知受检部门，各部门负责人应每日进行消防安全检查，若发现本单位存在火灾隐患，应及时整改。

5. 对检查中发现的火灾隐患未按规定时间及时整改的，根据奖惩制度给予处罚。

三、安全疏散设施管理制度

1. 单位应保证疏散通道、安全出口畅通，严禁占用疏散通道，严禁在安全出口或疏散通道上安装栅栏等影响疏散的障碍物。

2. 应按规范设置符合国家规定的消防安全疏散指示标志和应急照明设施。

3. 应保证防火门、消防安全疏散指示标志、应急照明、机械排烟送风、火灾事故广播等设施处于正常状态，并定期组织检查、测试、维护和保养。

4. 严禁在营业或工作期间将安全出口上锁。

5. 严禁在营业或工作期间将安全疏散指示标志关掉、遮挡或覆盖。

四、消防控制中心管理制度

1. 熟悉并掌握各类消防设施的使用性能，保证扑救火灾过程中操作有序、准确迅速。

2. 做好消防值班记录和交接班记录，处理消防报警电话。

3. 按时交接班，做好值班记录、设备情况、事故处理等情况的交接手续。如无交接班手续，值班人员不得擅自离岗。

4. 发现设备故障时，应及时报告，并通知有关部门及时修复。

5. 非工作所需，不得使用消控中心内线电话，非消防控制中心值班人员禁止进入值班室。

6. 上班时间不准在消控中心抽烟、睡觉、看书报等，离岗应做好交接班手续。

7. 发现火灾时，迅速按灭火作战预案紧急处理，拨打119电话通知公安消防部门，并报告部门主管。

五、消防设施、器材维护管理制度

1. 消防设施日常使用管理由专职管理员负责，专职管理员每日检查消防设施的使用状况，保持设施整洁、卫生、完好。

2. 消防设施及消防设备技术性能的维修保养和定期技术检测由消防工作归口管理部门负责，设专职管理员每日按时检查了解消防设备的运行情况。查看运行记录，听取值班人员意见，发现异常及时安排维修，使设备保持完好的技术状态。

3. 消防设施和消防设备定期测试：

（1）烟、温感报警系统的测试由消防工作归口管理部门负责组织实施，保安部参加，每个烟、温感探头至少每年轮测一次。

（2）消防水泵、喷淋水泵、水幕水泵每月试开泵一次，检查其是否完整好用。

（3）正压送风、防排烟系统每半年检测一次。

（4）室内消火栓、喷淋泄水测试每季度一次。

（5）其他消防设备的测试，根据不同情况决定测试时间。

4. 消防器材管理：

（1）每年在冬防、夏防期间定期两次对灭火器进行普查换药。

（2）派专人管理，定期巡查消防器材，保证处于完好状态。

（3）对消防器材应经常检查，发现丢失、损坏应立即补充并上报领导。

（4）各部门的消防器材由本部门管理，并指定专人负责。

六、火灾隐患整改制度

1. 各部门对存在的火灾隐患应当及时予以消除。

2. 在防火安全检查中，应对所发现的火灾隐患进行逐项登记，并将隐患情况书面下发各部门限期整改，同时要做好隐患整改情况记录。

3. 在火灾隐患未消除前，各部门应当落实防范措施，确保隐患整改期间的消防安全，对确无能力解决的重大火灾隐患应当提出解决方案，及时向单位消防安全职责人报告，并向单位上级主管部门或当地政府报告。

4. 对公安消防机构责令限期改正的火灾隐患，应当在规定的期限内改正并写出隐患整改的复函，报送公安消防机构。

七、用火、用电安全管理制度

1. 用电安全管理

（1）严禁随意拉设电线，严禁超负荷用电。

（2）电气线路、设备安装应由持证电工负责。

（3）各部门下班后，该关掉的电源应予以关掉。

（4）禁止私用电热棒、电炉等大功率电器。

2. 用火安全管理

（1）严格执行动火审批制度，确需动火作业时，作业单位应按规定向消防工作归口管理部门申请"动火许可证"。

（2）动火作业前应清除动火点附近 5 米区域范围内的易燃易爆危险物品或做适当的安全隔离，并向保卫部借取适当种类、数量的灭火器材随时备用，结束作业后应即时归还，若有动用应如实报告。

（3）如在作业点就地动火施工，应按规定向作业点所在单位经理级（含）以上主管人员申请，申请部门需派人现场监督并不定时派人巡查。离地面 2 米以上的高架动火作业必须保证有一人在下方专职负责随时扑灭可能引燃其他物品的火花。

（4）未办理"动火许可证"擅自动火作业者，予以记小过两次处分，严重的予以开除。

八、易燃易爆危险物品和场所防火防爆制度

1. 易燃易爆危险物品应有专用的库房，配备必要的消防器材设施，仓管人员必须由消防安全培训合格的人员担任。

2. 易燃易爆危险物品应分类、分项储存。化学性质相抵触或灭火方法不一样的易燃易爆化学物品应分库存放。

3. 易燃易爆危险物品入库前应经检验部门检验，出入库应进行登记。

4. 库存物品应当分类、分垛储存，每垛占地面积不宜大于 100 平方米，垛与垛之间不小于 1 米，垛与墙间距不小于 0.5 米，垛与梁、柱的间距不小于 0.5 米，主要通道的宽度不小于 2 米。

5. 易燃易爆危险物品存取应按安全操作规程执行，仓库工作人员应坚守岗位，非工作人员不得随意入内。

6. 易燃易爆场所应根据消防规范要求采取防火防爆措施，并做好防火防爆设施的维护保养工作。

九、义务消防队组织管理制度

1. 义务消防员应在消防工作归口管理部门领导下开展业务学习和灭火技能训练，各项技术考核应达到规定的指标。

2. 要结合对消防设施、设备、器材维护检查，有计划地对每个义务消防员进行轮训，使每个人都具有实际操作技能。

3. 按照灭火和应急疏散预案每半年进行一次演练，并结合实际不断完善预案。

4. 每年举行一次防火、灭火知识考核，考核优秀给予表彰。

5. 不断总结经验，提高防火、灭火及自救能力。

十、灭火和应急疏散预案演练制度

1. 制定贴合本单位实际情况的灭火和应急疏散预案。

2. 组织全员学习并熟悉灭火和应急疏散预案。

3. 每次组织预案演练前应开会精心部署，明确分工。

4. 应按制定的预案至少每半年进行一次演练。

5. 演练结束后应召开讲评会，认真总结预案演练的情况，发现不足应及时修改和完善预案。

十一、燃气和电气设备的检查和管理制度

1. 应按规定正确安装、使用电气设备，相关人员必须经必要的培训，获得相关部门核发的有效证书方可操作。各类设备均需具备法律、法规规定的有效合格证明并经维修部确认后方可投入使用。电气设备应由持证人员定期进行检查（至少每月一次）。

2. 防雷、防静电设施定期检查、检测，每季度至少检查一次、每年至少检测一次并记录。

3. 电气设备负荷应严格按照标准执行，接头牢固，绝缘良好，保险装置合格、正常并具备良好的接地，接地电阻应严格按照电气施工要求测试。

4. 各类线路均应以套管加以隔绝，特殊情况下，应使用绝缘良好的铅皮或胶皮电缆线。各类电气设备及线路均应定期检修，随时排除因绝缘损坏可能引起的消防安全隐患。

5. 未经批准，严禁擅自加长电线。各部门应配合安全小组、维修部人员检查加长电线是否仅供紧急使用，外壳是否完好，是否在维修部人员检测后投入使用。

6. 电气设备、开关箱线路附近按照标准划定黄色区域，严禁堆放易燃易爆物品，并定期检查、排除隐患。

7. 设备用毕应切断电源。未经试验正式通电的设备，安装、维修人员离开现场时应切断电源。

8. 除已采取防范措施的部门外，工作场所内严禁使用明火。

9. 使用明火的部门应严格遵守各项安全规定和操作流程，做到用火不离人、人离火灭。

10. 场所内严禁吸烟并张贴禁烟标识，每一位员工均有义务提醒其他人员共同遵守公共场所禁烟的规定。

十二、消防安全工作考评和奖惩制度

1. 对消防安全工作做出成绩的，予以通报表扬或物质奖励。

2. 对造成消防安全事故的职责人，将依据所造成后果的严重程度予以不同的处理，除已达到依照国家《治安管理处罚条例》或已够追究刑事责任的事故责任人将依法移送国家有关部门处理外，根据本单位的规定，对下列行为予以处罚：

（1）有下列情形之一的，视损失情况及认识态度，除责令赔偿全部或部分损失外，予以口头告诫：

① 使用易燃危险品未严格按照操作程序进行或保管不当造成火警、火灾，损失不大的；

② 在禁烟场所吸烟或处置烟头不当引起火警、火灾，损失不大的；

③ 未及时清理区域内易燃物品造成火灾隐患的；

④ 未经批准，违规使用加长电线、用电未使用安全保险装置或擅自增加小负荷电器的；

⑤ 谎报火警的；

⑥ 未经批准，玩弄消防设施、器材，未造成不良后果的；

⑦ 对安全小组提出的消防隐患未予以及时整改而无法说明原因的部门管理人员；

⑧ 阻塞消防通道、遮挡安全指示标志等未造成严重后果的。

（2）有下列情形之一的，视情节轻重及认识态度，除责令赔偿全部或部分损失外，予以通报批评：

① 擅自使用易燃、易爆物品的；

② 擅自挪用消防设施、器材的位置或改为他用的；

③ 违反安全管理和操作规程、擅离职守导致火警、火灾，损失轻微的；

④ 强迫其他员工违规操作的管理人员；

⑤ 发现火警，未及时依照紧急情况处理程序处理的；

⑥ 对安全小组的检查未予以配合，拒绝整改的管理人员。

（3）对事故隐瞒事实，不处理、不追究的或供给虚假信息的，予以解聘。

（4）对违反消防安全管理导致事故发生（损失轻微的），但能主动坦白并积极协助相关部门处理事故、挽回损失的肇事者或责任人，可视情形对其予以减轻或免予处罚。

要点 004　消防安全管理制度（四）

总　　则

第一条

1. 编制目的：加强消防安全管理，预防火灾，减少火灾的危害。
2. 编制依据：根据《中华人民共和国消防法》编制本制度。
3. 适用范围：本制度适用于各宾馆及全体员工。

第二章　消防安全职责

第二条　全体人员应当遵守消防安全法律、法规，贯彻预防为主、防消结合的消防工作方针，履行消防安全职责，保障消防安全。

第三条　第一负责人是该单位的消防安全责任人，对消防安全工作全面负责。

第四条　相关人员应当落实班组消防安全责任制和岗位消防安全责任制。明确班组和岗位消防安全职责，确定班组岗位的消防安全责任人。

第五条　各消防安全责任人应当履行下列消防安全职责：

1. 贯彻执行消防法规，保障消防安全符合规定，掌握消防安全情况。

2.将消防工作与管理等活动统筹安排，执行宾馆年度消防工作计划。

3.组织每月定期进行一次防火检查，落实火险隐患整改，及时处理或汇报涉及消防安全的重大问题。

4.组织人员积极参与公司组织的应急疏散和实战灭火演练。

第六条 落实下列消防安全管理工作：

1.拟订年度消防工作计划，组织实施日常消防安全管理工作。

2.组织制订或修订消防安全管理制度，并检查整改、督促落实。

3.组织实施防火检查和火灾隐患整改工作。

4.拟订消防安全工作的资金投入和组织保障方案。

5.组织实施对公司所有的消防设施、灭火器材和消防安全标志的维修保养，确保完好有效。

6.组织开展对员工进行消防知识、技能的宣传教育和培训，组织灭火和应急预案的实施和演练。

第三章　消防安全管理

第七条 将容易发生火灾，且一旦发生火灾可能严重危及人身和财产安全以及对消防安全有重大影响的部位确定为重点部位，应根据上述情形确定重点部位，并设置明显防火标志，实行严格管理。

第八条 动火管理。禁止在具有火灾、爆炸等危险的场所用火；因特殊情况需要进行动火作业的，应分别落实监护人在确认无火灾、爆炸危险后方可动火作业。动火人员应当遵守消防安全规定，并落实相应的消防安全措施。

第九条 保障防火职责区域内的疏散通道、安全出口畅通，保持防火门、防火卷帘、消防安全疏散指示标志、应急照明、消防广播等设施处于正常状态。

第十条　对易燃易爆危险物品的使用、储存、运输或销毁应遵守国家相关规定，实行严格的消防安全管理。

第四章　防火检查

第十一条　重点部位由保卫巡逻人员每小时巡查一次，重点部位由所在的部室确定人员每日巡查一次，公司每周组织一次大检查。巡查、检查的资料包括：

1. 用火。
2. 用电有无违章情况。
3. 消防设施、器材和消防安全标志。
4. 常闭式防火门是否处于关掉状态。
5. 消防安全重点部位的人员在岗情况。
6. 消防车通道、消防水源情况。
7. 灭火器材配置情况。

第五章　火险隐患整改

第十二条　对下列违反消防安全规定的行为，责令有关人员当场改正并督促落实：

1. 违章使用、储存易燃易爆危险物品的；
2. 违章动火作业或者在具有火灾、爆炸危险的场所吸烟等违反禁令的；
3. 遮挡、锁闭安全出口，占用、堆放物品影响疏散通道的；
4. 消火栓、灭火器材被遮挡影响使用或被挪作他用的；
5. 常闭式消防门处于开启状态、防火卷帘下堆放物品影响使用的；
6. 消防设施管理、值班人员和防火巡查人员脱岗的。

第十三条　对不能当场整改的火险隐患，保卫科应及时下发《火险隐患整改通知书》限期整改，并定期复查。

第六章　消防档案

第十四条　应建立健全消防安全档案，并能全面翔实地反映宾馆消防工作的基本情况，根据情况变化及时更新，统一保管，备查。

第十五条　消防档案包括以下资料：

1. 宾馆基本概况和消防安全重点部位情况。
2. 消防管理组织体系和各级消防安全负责人。
3. 消防安全制度。
4. 消防设备、设施、器材的分布情况。

第七章　奖　惩

第十六条　将消防安全工作纳入月奖、风险金、年终考核。对消防安全工作成绩突出的，予以表彰奖励。对未履行消防安全职责或者违反消防安全制度的行为，根据消防安全分项制度条款予以罚款、警告、降职、撤职，直至追究刑事责任。

第八章　附　则

第十七条　保卫科负责对本制度贯彻、实施、监督。

第十八条　本制度自发布之日起实施。

第十九条　附消防安全分项制度：

1. 防火安全检查制度。
2. 消防安全值班巡逻制度。
3. 用电消防安全管理制度。
4. 火险隐患立案、销案制度。
5. 火灾事故调查处理制度。

6. 防火宣传教育制度。

7. 消防工作奖惩制度。

8. 消防设施、设备、器材。

9. 用火消防安全管理制度。

10. 易燃易爆危险物品消防安全管理制度。

要点 005　消防安全管理制度（五）

　　为加强和规范本单位的消防安全管理，贯彻"预防为主、防消结合"的消防工作方针，履行各级消防安全职责，预防和减少火灾危害，根据《中华人民共和国消防法》和公安部《机关、团体、企业、事业单位消防安全管理规定》的要求，落实消防安全逐级负责制，根据"谁主管谁负责"的原则，现将本单位各级消防安全职责和其他有关消防安全职责规定如下：

　　一、本单位的法定代表人是本单位消防安全管理人。

　　二、本单位总经理为本单位消防安全管理人。

　　三、本单位职能管理部为本单位消防安全归口管理职能部门，职能管理部总监为消防安全归口管理职能部门责任人；职能管理部确定一人为本单位专职消防安全管理人员。

　　四、本单位所属各部门主要负责人是本部门的消防安全责任人，对单位消防安全责任人负责。

　　五、各单位应确定总经理为消防安全管理人，并确定消防安全归口管理职能部门、部门责任人和专（兼）职消防安全管理人。

　　六、单位应成立消防安全工作领导小组，小组组长由消防安全管理人总经理担任，消防安全归口管理职能部门责任人为副组长，各部门消防安全管理人员为成员。

　　七、根据人员变动及时明确消防安全管理工作机构人员，每年年初对消防安全工作领导小组成员进行一次调整。

八、消防安全责任人应当履行下列消防安全职责：

1. 贯彻执行消防法规，保障单位消防安全符合规定，掌握本单位的消防安全情况；

2. 将消防工作与本部门的经营、管理等活动统筹安排。

3. 为消防安全提供必要的经费和组织保障。

九、消防安全管理人职责

消防安全管理人对单位的消防安全责任人负责，实施和组织落实下列消防安全管理工作：

1. 拟订年度消防工作计划，组织实施日常消防安全管理工作。

2. 组织制订消防安全制度和保障消防安全的操作规程，并检查、督促其落实。

3. 拟订消防安全工作的资金投入和组织保障方案。

4. 组织实施防火检查和火灾隐患整改工作。

十、消防安全归口管理职能部门负责人职责

1. 归口管理职能部门负责人在消防安全责任人和消防安全管理人的领导下开展消防安全管理工作。

2. 负责制订单位年度消防工作计划，组织实施日常消防安全管理工作；拟订消防安全工作的资金投入和组织保障计划。

3. 组织拟订消防安全制度和保障消防安全的操作规程，并检查、督促其落实。

十一、消防安全管理人员的职责

1. 在消防安全归口管理职能部门负责人的领导下开展工作，对部门消防安全工作负有检查、指导、督促管理的职能。

2. 每季度或不定期地对部门消防安全进行检查，发现火灾隐患及时下达安全隐患整改通知书，并督促其整改。

3. 分析单位防火安全情况，参与拟订单位消防工作计划、防火措施和灭火预案，负责协助领导做好消防安全工作，为领导当好参谋。

十二、岗位消防安全职责

1. 所有员工必须对本岗位的消防安全负责，明确自我的职责区和具体岗位的防火任务。

2. 严格遵守国家和所在单位的消防安全管理制度，保证本岗位的消防安全。

3. 经常结合本岗位的消防安全工作特点进行自检，及时处置火灾隐患。

要点 006 消防安全管理制度（六）

一、消防常规工作

1. 贯彻"预防为主、防消结合"的方针

（1）关于消防工作，我国已有相应的法律、法规，如《中华人民共和国消防法》《中华人民共和国治安管理处罚条例》等，大家要认真学习这些法律、法规，并严格按法律、法规的要求做好消防工作，确保群众生命财产的安全。

（2）预防为主的含义是查隐患、找漏洞，防患于未然。诸如建筑物的配电箱、电路、电线的布局，易燃品的堆放，建筑物的安全出口等。

（3）防消结合的含义是购置消防器材，配备专兼职人员，研究总结、推广普及消防知识和技术，以防止火灾事故发生。在火灾发生时，最大限度地减少损失。

2. 制订消防责任书，落实消防责任制

依据《中华人民共和国消防法》，消防工作职责如下：

（1）制定消防安全制度和消防安全操作规程。

（2）实行防火安全责任制，确定单位的消防安全责任人。

（3）针对单位实际、特点，对人员进行消防宣传教育。

（4）组织防火检查，及时消除火灾隐患。

（5）按照国家有关规定配置消防设施和器材，设置消防安全标志和疏散应急照明装置，并定期组织检查、维修，确保消防设施和

337

器材完好、有效。

（6）保障疏散通道、安全出口畅通，并设置符合国家规定的消防安全疏散标志。

（7）在落实消防责任制的过程中，必须掌握以下工作情况，确保消防工作落到实处：人员消防安全教育和培训情况；防火检查制度的制定和落实情况以及火灾隐患的整改情况；消防安全重点部位的确定和管理情况；易燃易爆危险物品存放场所防火防爆措施的落实情况。

3. 抓好消防宣传，提高防火意识

消防宣传的目的在于提高人们的防火意识，在每年的"安全教育日活动""11·9"消防日抓好消防宣传，平时还应把消防知识纳入到工作中，增强人们处理火灾突发事故的应变能力和自救能力。

4. 消防督查

消防监督检查的形式主要有：

（1）定期监督检查和抽样性监督检查。

（2）对公众聚集场所和大型活动举办前的消防监督检查。

（3）对违规违法使用电器设备的监督检查。

（4）针对重大节日、重大活动、火灾多发季节的消防监督检查。

（5）其他根据需要进行的专项监督检查。

（6）建筑物和人员集中区是火灾隐患检查的重点区域。

（7）要利用假期对重点消防场所进行集中检查、维护、保养。

二、消防管理制度

1. 实验室消防安全管理

（1）贵重仪器设备、易燃易爆、剧毒、放射性等危险品必须有专人保管，专柜存放，并登记造册，严格执行领用制度。

（2）实验室仪器设备放置要定位，并按其性能和要求，分别做好防火、防潮、防尘、防震、防爆、防锈、防腐蚀、防盗等工作，使仪器设备处于完好可用状态。

（3）实验室内工作人员必须熟悉本岗位的防火要求，熟悉所配灭火器的使用方法，严格执行操作规程，切实重视安全教学。

（4）实验人员每天应清扫设备和场地，保持实验室整洁卫生。

（5）实验室内禁止吸烟和使用明火，如确需使用明火时，必须清理好周围易燃物品，确保安全。

（6）实验室电源开关、线路、设备应定期检查，发现安全隐患时，应及时报告有关部门进行维修及整改；实验员下班前必须关掉电源开关，下班后因实验需要继续使用电器的，必须经实验室管理人员同意，并安排专人看护；实验室内不准乱拉乱接电源线，以免用电超负荷。

（7）消防设施及器材应坚持性能良好，严禁丢失、挪用及人为损坏。

（8）学生上实验课前必须进行防火教育，使学生了解和掌握有关防火要求和安全知识，确保实验课期间的安全。

（9）组织定期或不定期的安全检查，发现安全隐患及时整改。

2. 多功能教室、计算机机房的消防安全管理

（1）定期或不定期检查多功能教室、计算机和机房内的空调、打印机、电源开关、电度表、电源线等电器设备，发现安全隐患要及时整改和上报有关部门。

（2）多功能教室、计算机机房内严禁吸烟及使用明火，要有防火标志。

（3）多功能教室、计算机管理人员必须熟悉本岗位的防火要求，熟悉所配灭火器的使用方法，严格执行各项操作技术规程，切实重视安全教学。

（4）多功能教室、计算机较集中的机房，配备足够的灭火器，并放置在明显的地方。

（5）坚持多功能教室、机房内通道畅通，机房出入口处应配备事故应急照明装置。

（6）多功能教室、机房内的电源、电缆、地线及灯具等电器应严格按规范要求进行安装，不准乱拉、乱接电源；计算机停止使用时，必须关机和切断电源。

（7）多功能教室、机房内严禁存放易燃易爆物品。

（8）凡多功能教室、机房内部装修，其地面、顶棚和墙面应采用抗燃材料，施工单位应将防火设计、装修图纸送学校审核备案并报公安消防监督机构审批方可施工；装修竣工后，应经学校会同公安消防相关验收合格方可投入使用。

（9）管理好消防设施、器材，严禁损坏、丢失、挪用，保持器材性能良好，掌握灭火方法。

3. 图书室、档案室消防安全管理

（1）图书室、档案室的电源、电缆、地线及灯具等应按规范要求进行安装，不得乱拉、乱接电源线。

（2）图书室、档案室内严禁吸烟、使用明火和燃烧蚊香等。

（3）图书室、档案室管理人员下班前必须切断室内电源、关好门窗。

（4）图书室、档案室各岗位应制定严格的操作规程，并指定专人负责检查监督。

（5）保持图书室、档案室通道、安全出入口的畅通，严禁在安全出入口和通道上堆放杂物、书籍。

（6）图书室、档案室重要部位配备足够的灭火器材。

（7）图书室、档案室内严禁存放易燃易爆物品。

（8）管理好消防设施、器材，严禁损坏、丢失、挪用，掌握灭火方法。

4. 食堂消防安全管理

（1）安排专人管理食堂。

（2）炊事人员工作时严禁吸烟。

（3）食堂管理人员每天下班时要关掉灯具、电器电源开关。

（4）保管好消防设施和器材，严禁损坏、丢失和挪用，保持器材性能良好，器材周围不得堆放杂物。

5. 出租房的消防安全管理

（1）出租房管理人要定期检查租房户消防安全情况，发现隐患应督促乙方及时整改，对拒不整改的，可强行收回出租房。

（2）要对乙方做好消防安全知识的宣传工作。

（3）必要时，可给出租房配备消防设施。

（4）出租房不得有危及人身安全的经营项目。

（5）严禁乙方有危及出租房结构安全的施工。

要点 007　消防安全管理制度（七）

一、目的

为切实做好防火工作，保护企业财产和员工生命财产的安全，根据《中华人民共和国消防条例》和有关消防规定而制定。

二、职责

消防工作要贯彻"预防为主、防消结合"的方针，成立消防安全小组，×××为消防安全小组组长，×××为副组长，×××、×××、×××为消防安全小组委员。将消防工作纳入重要议事日程，与经营同计划、同布置、同检查、同总结、同评比。

三、工作程序

1. 消防安全组组长和消防安全委员的职责

（1）认真贯彻执行消防法规和上级有关消防工作指标，开展防火宣传，普及消防知识。

（2）定期检查防火安全工作，纠正消防违章，整改火险隐患。

（3）管理消防器材设备，定期检查，确保各类器材和装置处于良好状态，安全防火通道要时刻保持畅通。

（4）根据设备放置的具体情况，制定消防措施，制定紧急状态下的疏散方案。

（5）接到火灾报警后，在向消防机关准确报警的同时，迅速启用消防设施进行扑救，并协助消防部门查清火灾原因。

2. 配齐灭火器、消火栓、消防桶等消防器材，专人保管，定期检查。全体员工要爱护消防设施，禁止毁坏、偷盗消防设施，不能将消防设施挪作他用。除发生事故外，任何人不得私自动用。

3. 每季度对全体员工进行一次安全、防火教育课，新员工一律先培训再上岗，以免违规作业，发生事故。由消防安全小组组织消防小分队，熟练掌握消防规则、消防技术和消防器材的使用方法，并组织演习，提高员工的消防意识，锻炼员工的消防技能。

4. 走道和出口必须保持畅通无阻，任何部门或个人不得占用或封堵，严禁在设定禁令的通道上停放车辆。

5. 不得损坏消防设备和器材，妥善维护走道和出口的安全疏散标志和事故照明设施。

6. 吸烟需到指定地点，烟头及火柴余灰要随时熄灭。

7. 安全使用各种易燃物品，设备要经常清洁，切勿留有油渍。

8. 遵守安全用电管理规定，严禁超负荷使用电器，以免发生事故。

9. 需要增设电器线路时，必须符合安全规定，严禁乱拉、乱接临时用电线路。

10. 发生火警，应立即告知管理处或拨打火警电话 119，并关掉电闸，迅速离开着火地点。

11. 做好消防安全设施的维护和清洁工作，由消防安全小组不定期抽查消防安全设施。

12. 把消防工作列入经济职责制考核。每月进行一次全面大检查，发现火灾隐患，限期整改。

13. 每个季度由消防安全小组组长组织召开消防安全会议，对该季度的安全情况进行总结，评比表现较好的人员，给予奖励。

14. 由消防安全小组负责组织检查消防设施，并做好记录。

要点 008　消防安全管理制度（八）

为加强和规范酒店的消防安全管理，预防火灾和减少火灾危害，充分保障酒店内旅客、员工的人身和财产安全，特制定以下制度：

一、消防安全制度

1. 酒店实行逐级防火责任制，做到层层有专人负责。

2. 实行各部门岗位防火责任制，做到所有部门的消防工作，明确有专人负责管理，各部门均要签订《安全生产职责书》。

3. 酒店领导定期组织消防培训、消防演习、各种消防宣传教育，全面负责酒店的消防预防、培训工作。各部门须具备完整的消防报告和电器设备使用报告等资料。

4. 酒店内有各种明显消防标志，设置消防门、消防通道和报警系统，配备完备的消防器材与设施，酒店人员做到有能力迅速扑灭初起火灾和有效地进行人员财产的疏散转移。

5. 设立和健全各项消防安全制度，包括门卫、值班负责人逐级防火检查，用火、用电、易燃易爆物品安全管理，消防器材维护保养，统计好值班经理安全消防巡查记录。

6. 对新老员工进行消防知识的普及、消防器材使用的培训，特别是消防的重点部门，要进行专门的消防训练和考核，做到经常化、制度化。

7. 酒店内所有区域，包括停车场、仓库、办公区域、洗手间，全部禁止吸烟、动用明火，存放大量物资的场地、仓库，应设置明显的禁止烟火标志。

8. 酒店内消防器材、消火栓必须按消防管理部门指定的明显位置放置。

9. 禁止私接电源插座，乱拉临时电线，私自拆修开关和更换灯管、灯泡、保险丝等，如需要，必须由工程人员、电工进行操作，所有临时电线都必须在现场有明确记录，并在限期内改装。

10. 酒店内各部门开关必须有专人管理，每日的照明开关、冰箱开关等统一由专人开关，其他电力系统的控制由工程部负责。如因工作需要而改由部门负责，则部门的管理人员和实际操作人员必须对开关的正确进行培训。

11. 部门下班及工作结束后，要进行电源关掉检查，保证各种电器不带电过夜，各种该关掉的开关处于关掉状态。

12. 各种电器设备、专用设备的运行和操作，必须按规定进行。

13. 前台、餐厅吧台及客房小酒吧的射灯，工作结束后必须关掉，以防温度过高引起火灾。

14. 吧台酒水及装饰物的摆放要与照明灯、射灯、装饰灯、警报器、消防喷淋头保持必要的间隔（消防规定垂直距离不小于50cm）。

15. 销售易燃品，如高度白酒、果酒，只能适量存放，便于通风，发现泄漏、挥发或溢出的现象要立即采取措施。

16. 酒店内所有仓库的消防必须符合要求，包括照明、喷淋系统、消防器材的设施、通风、通道等设置。

二、消防安全检查制度

1. 值班经理每天进行防火检查，同时酒店经常组织小组不定时地检查线路及电源，检查中不留死角，确保不留发生火情的隐患，发现问题及时记录整改。

2. 部门经理、主管每周要进行一次消防自查，发现问题及时汇报领导（口头或书面材料）。

3. 对火险隐患，做到及时发现、登记立案、抓紧整改；限期未整改者，进行相应处罚；对因客观原因不能及时整改的，应采取应急措施确保安全。

4. 检查酒店员工对相关的程序是否了解，是否熟知在紧急情况下应采取的切合实际的措施。

以上规定望各部门负责人及员工积极配合、严格遵守。

要点 009　消防安全管理制度（九）

第一条　为了贯彻落实"预防为主、防消结合"的消防工作方针，防范火灾事故的发生，确保企业安全和员工人身安全，促进企业持续健康发展，制定本制度。

第二条　本制度适用于全公司范围内需要设置消防器材和进行消防管理的部门。

第三条　消防安全职责

1. 公司的消防工作是安全生产的重要组成部分，纳入公司的安全生产体系中进行统筹管理。

2. 公司安全检察监督部负责全公司消防工作归口管理，其他部门负责各自分管范围内的消防日常管理工作。

3. 公司总经理为消防安全总负责人，应当履行以下职责：

（1）贯彻执行消防法规，保障单位消防安全符合规定，掌握本单位的消防安全基本情况。

（2）将消防工作与本单位的生产、经营、管理等活动结合起来，统筹安排。

（3）督促各部门筹建消防设施、购置和维护消防器材。

（4）协调专业部门组织防火专项检查，督促落实火灾隐患整改，及时处理涉及消防安全的重大隐患。

（5）组织扑救火灾，调查处理火灾事故。

4. 分管安全生产的副总经理为消防管理的第一责任人，具体履行总经理的消防管理职责。

5. 各部门经理为本部门的消防安全第一责任人,各部门能够根据需要视实际情况指定本部门消防安全管理员,消防安全管理员对本部门的消防安全责任人负责。

消防安全管理员应当履行以下职责:

(1) 组织实施日常消防安全管理工作。

(2) 组织实施防火检查和火灾隐患整改工作。

(3) 组织实施对本单位消防设施、灭火器材和消防安全标志的保养,确保其完好,并确保安全通道的畅道。

(4) 在员工中组织开展消防知识、消防技能的宣传教育,提高全员消防意识和技能。

(5) 确定本部门一旦发生火灾可能危及人身和财产安全以及对消防安全有重大影响的部位为火灾重点部位,设置明显的防火标志,实行严格管理。

(6) 组织制订部门消防安全管理制度和消防安全操作规程,并检查、督促落实。

(7) 完成部门消防安全责任人委托的其他消防安全管理工作。

(8) 建立健全消防安全档案,包括:

① 建筑物或施工场所、使用或者开始使用前的消防设计审核、消防验收以及消防安全检查的文件、资料。

② 消防安全制度。

③ 消防设施、灭火器材情况。

④ 义务消防队人员及消防装备情况。

⑤ 有关燃气及燃气生产所使用电气设备的检测(防雷、防静电)等记录。

⑥ 消防安全培训记录。

(9) 加强对部门消防设施、灭火器材和消防安全标志的维护保养,确保其完好有效,确保疏散通道和安全出口畅通。

(10) 消防安全管理员应定期向消防安全责任人报告消防安全情景,及时报告涉及消防安全的重大问题。

第四条 岗位防火职责

1. 各职能部门负责人是本部门防火第一责任人,对本单位消防工作负责，其主要职责：

（1）严格遵守安全规程和各项防火制度，加强对火源、电源、易燃易爆物品的管理。禁止在具有火灾、爆炸危险因素的区域内使用明火，因特殊原因需进行电、气焊等明火作业时，动火部门和人员应当严格按《动火管理办法》审批手续，落实现场责任人，在确认无火灾、爆炸危险，并落实相应消防措施后方可动火施工。工作完毕要及时切断临时电源，熄灭火源。

（2）发现隐患及其他可能导致火险的不安全因素，要及时采取措施排除，并及时报告部门消防安全第一责任人或当班调度指挥中心。

（3）各班组负责对存放在本岗位的消防器材进行清洁打扫。

（4）发生火灾（火警）应立即进行正确扑救，并立即向调度指挥中心报警。

2. 建筑施工和设备安装现场的消防管理职责由施工承包单位负责，公司安全检查监督部和规划建设管理部行使监督检查权。

第五条 防火安全检查

1. 安全检查监督部要定期组织相关人员对消防工作进行检查，安排对消防关键时期和重点部位进行经常性的消防检查，发现隐患及时督促整改。

2. 各部门、班组要把消防安全检查作为安全检查的重点资料之一，要将消防安全职责落实到人，发现火险隐患立即处理，需要领导协调时，要及时上报。

3. 安检部、各部门、班组要将防火检查情况做好记录。

4. 防火检查的资料：

（1）生产过程中有无违章情况。

（2）用火、用电有无违章情况。

（3）安全出口、疏散通道是否畅通，安全疏散标志、应急照明是否完好。

（4）消防设施、器材和消防安全标志是否在位、完好。

（5）消防重点部位安全管理情况。

（6）消防安全教育培训情况和员工掌握消防知识情况。

（7）查阅有关安全制度、操作规程、应急预案是否具有合理性和可操作性。

（8）各项防火安全管理规范

第六条　仓库防火安全管理规范

1. 库内物资要分类，要标明物资名称，性质相互抵触或灭火方法相互抵触的物品分库存放。

2. 库房内不准设置移动式照明灯，不准使用电炉子、电烙铁等电热器具和家用电器。

3. 照明灯垂直下方小于 0.5m 范围内不得储存物品。

4. 每个仓库应在房门入口处单独安装开关，保管人员离开后断电。

5. 库房内严禁烟火，并设有明显标志。

6. 非工作人员不经批准，不得进入。

第七条　易燃易爆物品消防管理规范

1. 生产和管理危险物品的人员应熟悉物品特性、防火措施和灭火方法。

2. 储存易燃易爆物品的仓库，耐火等级不得低于二级，应有良好的通风散热措施，储存的数量以能满足生产为准。

3. 储存的危险物品应按性质分类，专库专放，并设明显的标志，注明品名、性质、灭火方法等，化学性质相抵触的物品不得混存。

4. 生产施工区域、储存易燃易爆物品的厂房内严禁烟火，电器设备开关、灯具、线路要符合防火要求。工作人员不准穿钉子鞋和化纤衣服，非工作人员严禁入内。

5. 严禁用汽油等易燃物擦洗设备机件。

6. 怕晒（如氧气瓶等）物资不得露天存放。

7. 搬运和操作危险物品应稳装稳卸，严禁用易产生火花的工具敲击和开封。

第八条　安全用电防火管理规范

1. 安装和维修电器设备、线路必须由专业电工按电工技术规范进行，非专业电工不准进行电工作业。

2. 仓库的电器和线路必须按国家《仓库防火安全管理规则》进行安装。

3. 生产岗位、仓库、重点消防区域严禁私设电热器具。

4. 严禁使用不符合规范的保险装置（如以铜丝代替保险丝等）。

5. 架空高压电力线不准经过建筑物和危险品上方空间。

6. 电器设备操作人员必须严格遵守操作规程，不得擅离职守，要定时巡检，发现问题及时报告、维修，工作结束后及时断电。

7. 燃气生产岗位、仓库的电器线路必须符合防爆要求。

8. 电器着火，应首先切断电源再组织灭火，严禁带电灭火。

第九条　消防培训教育

1. 新员工的教育

（1）新员工进入公司后进行三级安全教育，要把消防作为重点，学习消防法律、法规和基本消防知识，经考核合格后方可逐级向下分配工作。

（2）公司消防教育要与安全教育结合进行，公司人力资源部负责组织，安检部具体实施，主要讲解燃气的基本性质，消防要求和基本防范措施、消防器材的基本原理、使用方法、注意事项等。

（3）各部门消防教育，由各部门具体负责，培训本部门的安全技术规程、各类消防器材的分布，熟悉其使用的对象和场所，学会正确操作。

（4）班组的消防教育，由班组具体负责，根据工种特点，具体介绍所在岗位的安全生产特点、流程、设备材料性质、易燃易爆危险性、重点部位，及本岗位消防器材的种类、名称、使用方法、使用范围。

（5）经过三级安全教育的员工，考核合格后方可进入岗位试用。

2. 员工调岗后，要进行调岗消防安全教育。

3. 特殊工种防火教育制度。

（1）结合年度安全教育，突出消防安全意识和防火安全技能的提高。

（2）特殊工种防火教育要有针对性，要结合技能培训进行。

第十条　消防器材管理规范

1. 消防器材要放置在通风干燥、便于取用的地方。

2. 消防器材要加强日常保养和维护，不得暴晒、雨淋或放在潮湿的场所。腐蚀性强的场所要采取防护隔离等措施，易冻坏的器材冬季要有防冻措施。

3. 对消防器材要定期检查，外观锈蚀严重的要送消防维修站进行检修、检验。干粉灭火器（车）、1211 灭火器、二氧化碳灭火器每月检查一次，将查出的问题做好记录。干粉结块、气压减少不能备用，要及时外送检修。

4. 公司办公区、仓库、站场等消防器材由各部门负责日常管理和保养，消防器材采购部门统一负责定期检验。

5. 对防火防爆重点要害部位，要根据实际需要配置防火设施和灭火器材。

6. 任何单位和个人不得损坏或擅自挪用、拆除停用消防设施和器材，不得埋压、圈占消火栓，不得占用防火间距，不得堵塞消防通道。

第十一条　火灾事故报告调查处理

1. 首先发现火灾（火警）的人应按照程序向上级领导和调度指挥中心及时报警，讲明着火物质、火警规模大小，应急救援预案启动。必要时调度中心要向 119 报警，寻求消防队增援。报警人员要在确保自身安全的前提下，做到边报警边扑救，将火扑灭在萌芽或起始状态。

2. 火灾造成损失规模较大的事故，要保护好现场。经公安消防部门同意后，方能清理现场。

3. 调查处理火警、火灾事故，应按事故"四不放过"的原则，查明原因，落实职责，制定防范措施，处理事故责任人。

4. 发生火灾事故，应将调查结果和处理意见、损失情况登记备案，重大火灾事故要按有关规定上报主管部门。

第十二条　消防惩处

对下列情形应给予处罚：

1. 对国家消防法规、指示不及时传达，违反防火安全制度，对本部门存在的火险不及时整改，造成火警或火灾后果的，追究有关人员的责任。

2. 违反动火、用火管理制度，在禁火区内动火作业，未按规定办理动火审批手续的按相关规定处罚。

3. 因违反操作规程或安全规程造成火灾，要根据火灾的性质及损失情况，按相关规定处罚。

4. 其他违反消防管理制度的情况。

附：仓库、厨房消防安全注意事项

一、仓库

1. 仓库的主通道宽度应不小于 2m，通道保持畅通。

2. 库房中不能安装电器设备，所有线路安装在库房通道的上方，与商品保持必要的距离。

3. 消防喷淋头距离商品必须大于 50cm。

4. 库房中严禁使用明火、严禁吸烟。

5. 易燃易爆商品必须严格按规定存放，不能与其他商品混放。

6. 仓库必须配备消防器材，消防器材的位置附近不能存放商品与杂物。

二、厨房

1. 燃气使用部门定期对燃气管道及燃气具进行安全检查，杜绝因设施及设备的损坏、带故障运行造成安全隐患，发现损坏、锈蚀立即采取报修和临时有效防护措施，并及时上报安全部直至隐患消除。

2. 使用燃气，须设有当班安全员，负责燃气的当日监管工作。

3. 燃气必须由专职操作人员使用，不懂燃气知识，不得操作燃气具。

4. 任何部门和个人，不得对燃气管道、阀门、开关、计量表、灶具私自拆改，如需要必须按程序报工程部进行改造。

5. 使用燃气具必须严格按照操作程序进行，特别是点火程序，应按先点火、后开气的顺序操作。

6. 不要将重物压在输气管上。液化气罐禁止碰撞敲打，严禁用火烤等方法对液化气罐加温。

7. 燃气操作间必须保持良好的通风，发现燃气外泄时，要采取应急措施，开窗、开排风扇，加大通风量，严禁吸烟、开灯、动火。

8. 使用炉灶时，要随时有人看管，不得离人，防止中间火焰熄灭、漏气遇火发生爆炸。点火时，必须遵循先点火、后开阀放气的程序。

9. 经常检查灶具及管道有无泄漏，软管有无老化，发现漏气应立即停用，打开门窗，不准动火和电气开关，同时报告供气部门。

10. 对安全部门配置于燃气使用区域内的消防器材需妥善保管、安全检查，不得挪用。